逆境胁迫下中华鳖
肌肉和肝脏适应性调控研究

褚武英　刘　丽　李虹辉／著

湖南科学技术出版社

图书在版编目（ＣＩＰ）数据

逆境胁迫下中华鳖肌肉和肝脏适应性调控研究 ／ 褚武英，刘丽，李虹辉著. -- 长沙 ： 湖南科学技术出版社,2022.11

ISBN 978-7-5710-1239-7

Ⅰ．①逆… Ⅱ．①褚… ②刘… ③李… Ⅲ．①鳖－淡水养殖－动物营养 Ⅳ．①S963.7

中国版本图书馆 CIP 数据核字(2021)第 193175 号

逆境胁迫下中华鳖肌肉和肝脏适应性调控研究

著　　者：褚武英　刘　丽　李虹辉
出 版 人：潘晓山
责任编辑：王　　斌
出版发行：湖南科学技术出版社
社　　址：长沙市芙蓉中路一段 416 号泊富国际金融中心
网　　址：http://www.hnstp.com
湖南科学技术出版社天猫旗舰店网址：
　　　　http://hnkjcbs.tmall.com
印　　刷：湖南省汇昌印务有限公司
　　　　（印装质量问题请直接与本厂联系）
厂　　址：长沙市望城区丁字湾街道兴城社区
邮　　编：410299
版　　次：2022 年 11 月第 1 版
印　　次：2022 年 11 月第 1 次印刷
开　　本：700mm×1000mm　1/16
印　　张：9
字　　数：175 千字
书　　号：ISBN 978-7-5710-1239-7
定　　价：68.00 元

内容简介

本书是我国爬行类营养与品质调控领域的一部专著，全书全面系统地介绍了营养胁迫下中华鳖肌肉和肝脏组织适应性调控机制。本书共分十章：第一章系统地综述了营养胁迫与水产动物肌肉品质；第二章至第五章研究了高脂日粮、饥饿胁迫对中华鳖肌肉品质的影响及其调控机制；第六章研究了高脂日粮对中华鳖肝脏脂质蓄积、氧化应激和自噬的影响；第七章系统地综述了生物钟基因与营养调控研究进展；第八章至第十章分析了高脂对中华鳖肌肉和肝脏生物钟相关基因及功能的影响。本书可供从事龟鳖类生物学研究、水产养殖、水产动物营养与品质调控等工作的科研、技术人员阅读，也可作为高校和科研院所相关学科师生教学和科研参考用书。

目　录

第一章 营养胁迫与水产动物肌肉品质

　　水产品是人类摄取优质动物性蛋白的重要来源。它富含人体所必需的蛋白质、脂肪、维生素、矿物质等多种营养物质，对于增强免疫力，提高体质具有重要作用。根据联合国粮农组织数据统计：2018 年全球水产品（不含藻类）产量达到 1.788 亿吨的历史最高水平，其中 89%，约 1.59 亿吨水产品直接供人类食用，人均消费水产品 20.5 千克。目前水产品已经成为除谷类和牛奶之外的第三大重要蛋白来源，全球近 70 亿人口的动物性蛋白摄入来源中，15% 以上来源于水产品。我国作为世界第一水产养殖大国，2018 年全国水产品总产量达到 6458 万吨，占全世界的近 40%，水产养殖产量占 60% 以上，已经连续 30 年保持世界第一。这些水产品不仅改善了国民的饮食结构，也提高了人们的营养水平。

　　近年来随着水产养殖业的蓬勃发展，人们对水产品市场的需求量也在不断地攀升，同时也对水产品的品质提出了更高的要求。但由于养殖产量的增加，大部分养殖水产品肌肉品质呈下降趋势，出现了肉质疏松、口感较差等问题，严重影响其商品价值，造成了严重的经济损失，制约了水产养殖健康和可持续发展。肌肉是水产动物重要的蛋白质储存库，也是决定水产品营养和物理特性等品质的物质基础。水产动物在自然或人工养殖过程中其肌肉品质易受到不同因素的影响而造成变化。除了养殖环境、病原微生物外，营养因素已成为影响水产动物肌肉品质的主要因素之一，但是当营养条件改变时水产动物肌肉品质的变化及其适应性调控机制目前还不是十分清楚，有必要进行深入研究。

第一节 营养胁迫对水产动物肌肉品质的影响

一、水产动物肌肉品质研究概况

　　肉质是一个通用术语，用于描述肉的特性和感觉。它包括肉类组成和构象、食用品质以及与肉类相关的健康问题等。水产动物的肌肉品质十分复杂，它是人们对肌肉中多种物质性状概括的综合评价，在此主要归纳为肌肉的质量和风味两大方面。肌肉的质量主要包含着肌肉中有许多对人体有益的营养元素，以及它们之间的性状、数量和各营养组分之间的比重，而肌肉的风味则是指肌肉散发出来的气味、味道和适口性这三种综合的感觉。

随着生活水平的日益提高，安全优质的绿色健康水产品也越来越受到人们的青睐。水产动物肉质营养价值研究和肌肉品质的改善，已成为水产动物肉类研究的重要内容。目前我国对于评价肉质的指标主要包括肌肉 pH、肉色、系水力、嫩度、营养成分、质地、风味等。在生产过程中影响水产动物肌肉品质的因素较多，主要包括遗传、营养、环境和应激等方面的因素。国内外学者已发现通过改变养殖模式或使用饲料添加剂等方法，能增强动物体内的抗氧化能力，以改变肌纤维结构形态特征，提高肌肉的嫩度，对肉品质改善具有积极作用。此外，水产动物的肌纤维比其他脊椎动物的肌纤维更加细小，而肌纤维的微型组织结构变化都会对肌肉的嫩度、保水性、多汁性、口感等质构指标产生重要的影响。

（一）肌肉 pH

pH 是评价肌肉酸碱性能的一项特定指标。水产动物肌肉在正常的情况下普遍呈中性或者偏弱碱性，pH 通常在 7.0 左右。而当进行处理后，肌肉还保持着一定的新陈代谢功能，以维持自身对内环境的作用。当肌肉中的糖原在缺氧状态条件下发生糖酵解反应时，会形成乳酸，此时肌肉中的 pH 会迅速下降，进而影响肌肉品质。

（二）肉色

肌肉的颜色是作为评价肌肉品质优劣最直接的外观表现。研究表明，肌肉内的色素主要包括肌红蛋白和血红蛋白两种。肉色通常也是影响人们直接购买的重要的原因，而且也是新鲜肉保存期的一个非常关键的影响因素。

（三）系水力

系水力是指动物肌肉遭遇到外力作用时（如施加压力、热量、冷冻、切碎等）保持肌肉水分的能力。它可以非常直接地来影响肌肉的颜色、风味、味道、嫩度以及营养价值等指标。系水力的高低对于肌肉中的性能有着重要影响，当肌肉系水力高时则会表现出具有多汁性、鲜嫩口感和表面干爽等良好性能，而系水力较低时，则肌肉的表面就会有水分渗出，此时的可溶性营养成分和风味损失就变得严重，肌肉也因此变得干硬，造成肌肉品质下降。

（四）嫩度

肌肉的嫩度实际上是对肌肉中各种蛋白质结构特性的一个总体概括。肌肉的嫩度直接与肌肉蛋白质的结构以及其他因素作用下的蛋白质发生变性、凝集或者分解相关。嫩度作为一项重要的肉质评价指标，常常被用于衡量肉的食用品质和商品经济价值，其主要取决于肌肉中各营养组分间以及生物化学变化的程度，肌原纤维状态中的收缩、舒张和分解是肌肉嫩度形成的关键性因素。有研究指出，当肌肉被咀嚼时，其具有持续性的抵抗力，如果肌肉的质地越老、肌纤维越粗、肌细胞膜越丰富、肌间血管越多，那么就越不易咀嚼。由此可见，肌纤维的密度越大其肉质就会变得越细嫩，即肌纤维的密度与肌肉嫩度呈现出正相关性。目前的证据表明，关键肌原纤维蛋白的水解是肌肉嫩化的原因。这些蛋白质参与肌原纤维之间的连接，肌原纤维与肌膜的连接以及肌肉细胞与肌纤维基底的连接（如层粘连蛋白和纤维粘连蛋白）。这些蛋白质的功能是维持肌原纤维的结构完整性以及蛋白水解、降解会导致肌原纤维减弱，从而造成肌肉嫩化。朱志伟等（2007）对脆鲩鱼和草鱼肌肉质构的研究中发现，脆鲩鱼的肌肉硬度、咀嚼性和回复性都要高于草鱼，而胶黏性明显低于草鱼。Periago 等（2005）研究发现，野生舌齿鲈鱼肌肉硬度、弹性、咀嚼性、胶黏性等质构指标要优于养殖的。顾若波等（2008）研究表明弹性的大小可用来衡量肉质口感和加工性能的好坏。综上所述，肌肉的嫩度是一个综合性的评价指标，它受到许多方面的影响。

（五）营养成分

水产动物肌肉的营养成分主要包括蛋白质、脂肪、糖类、水分、矿物质和微生物等，而蛋白质和脂肪含量标志着水产动物的营养水平。胡先勤等（2005）研究发现，日粮中添加了中草药提取物以后可以显著提高鲫鱼的体蛋白质和脂肪含量，从而起到改善鱼肉品质的作用。尹洪滨等（1999）在对鲤鱼的报道中发现，日粮添加苜蓿草粉饲养后能使鲤鱼肌肉粗蛋白质含量得到明显提高，而肌内脂肪含量显著减少。还有证据表明，网箱养殖的大黄鱼与天然野生的相比较，前者全鱼体蛋白含量明显低于后者，但鱼体脂肪的含量却比较高（段青源等，2000）。综上所述，高蛋白、低脂肪含量的水产动物，其肌肉质地和营养价值会更好。

（六）肌纤维组织学特性

水产动物肌肉组织根据肌细胞的形态结构和功能特点可分为骨骼肌、心肌和平滑肌三种，其中骨骼肌占躯体总质量的 $30\%\sim80\%$，其质量和功能正常对水产品品质和健康具有重要意义。肌纤维结构形态特性是肌肉组织学的前提基础，肌纤维作为骨骼肌的基本构成单位与肌肉品质有着密切的联系。肌纤维的类型决定动物肌内脂肪含量、嫩度以及肉色等肌肉品质特性。肌细胞的细胞膜叫作肌膜，其细胞质叫肌浆。肌浆中含有肌丝，它是肌细胞收缩的物质基础。一条骨骼肌纤维是由众多肌细胞融合而成的，因此骨骼肌的肌纤维含有几十个甚至几百个细胞核。肌纤维细胞成束排列，通过肌腱附着在骨头上，分布于躯干和四肢，主要起运动功能。每条肌纤维都含有多个肌小节，而且构成肌小节的主要部分是粗肌丝和细肌丝。肌球蛋白和肌动蛋白分别组成粗肌丝和细肌丝。每个粗肌丝由几百个肌球蛋白构成，细肌丝则是由三种不同分子蛋白构成，分别为肌动蛋白、原肌球蛋白和肌钙蛋白。这三种分子蛋白对维持骨骼肌的运动起着重要的作用。肌小节是肌肉运动的基本单位。粗肌丝与细肌丝的相对滑动从而产生肌肉收缩。正是由于肌纤维的这种特性，它在特定的情况下对肌肉品质起着重要作用，目前在水产动物中肌纤维特性被广泛地应用在肌肉的品质评价中。研究发现，当肌肉中肌纤维直径越小时，肌纤维密度越大的种类，它的肌肉内脂肪的沉积的含量往往要高于肌纤维粗而密度相对于低的种类，其口感也越好。Johnston等（2000）在大西洋鲑的研究中发现，肌纤维直径越小的肌肉对光的散射能力越强，外观上肌肉颜色也会更加鲜亮。

（七）风味物质

生肉具有类似血清或血液的平淡风味，加热时会改变这种风味，从而产生具有丰富风味的化合物。大多数构成味觉和"肉味"的成分包括还原糖（通常是葡萄糖）、氨基酸和肽的来源以及味觉增强剂（如肌苷酸）。人们普遍认为，由于肌肉某些成分的化学分解，肌肉组织中的大多数成分随着长时间的调理而增加。动物肌肉的风味物质主要是由气味和滋味两个部分构成，气味表现出的呈味物质主要是一些挥发性的芳香物质，它主要是通过嗅觉细胞来感受，经神经传导到大脑产生的一种芳香感；而滋味表现出的呈味物质则是一种具有非挥发性的物质，它主要是通过对舌面味蕾的感觉，而经过神经传递过程再到大脑皮质所反映出来的一种味感。有研究指出，氨基酸含量是肌肉品质研究中的一项重要生化指标，不同种类的氨基酸的相对含量是决定肌肉风味及鲜香味的重要因素。目前在水产动物肌肉中，天冬氨酸、甘氨酸、谷氨酸和丙氨酸这4种氨基酸的含量决定着肌肉的味道是否鲜美。而脂肪酸作为构成脂肪组成的基础物质，脂肪酸的种类繁多，分为饱和脂肪酸和不饱和脂肪酸。不饱和脂肪酸又可分为多不饱和脂肪酸和单不饱和脂肪酸，它们的作用各不相同。水产动物肌肉的饱和脂肪酸含量很低，但不饱和脂肪酸比例较高。其中含有大量的 $\omega-3$ 系列不饱和脂肪酸，例如，二十碳五烯酸、二十二碳六烯酸这两种不饱和脂肪酸是人体中不能合成的，需要通过食物来供给的，也称为必需脂肪酸。脂肪酸不仅是肉食香味的重要前提物质，而且还是人体不可缺少的营养物质，对人类健康也具有特殊的贡献。

二、高脂日粮对水产动物肌肉品质的影响

近年来，随着集约化养殖技术的提高，水产养殖密度大幅增加，养殖水产品的生长速度、产量不断提高。但是与天然水产品相比，养殖出来的水产品肌肉品质普遍呈下降趋势，出现体色变暗、肉质疏松、口感较差等现象。研究发现，水产动物肉品质受到很多因素的影响，如动物自身特性、养殖环境、饲料营养、病原微生物、投喂策略、屠宰以及加工方式等，而在养殖过程中营养因素已成为影响水产动物肉品质最主要的因素之一。水产动物的肉品质与营养变化有着密切的联系。在动物生长过程中常常会受到来自日粮营养的胁迫，如营养过剩（摄入过多高脂肪、高热量食物）、饥饿或营养不足等其他不良营养条件胁迫，导致其肉品质下降。

脂肪是水产动物最重要的营养物质之一。补充日粮脂肪能有效改善能量供应，对改善脂质代谢、提高产品质量和繁殖能力能够起到一定作用。水产动物对脂肪的摄入主要来源是食物，因此，日粮脂肪对动物脂肪沉积有着重要影响。已有研究表明：脂肪性日粮具有多种营养学功能，如提供高效热能，节约蛋白质，提高日粮效率，改善动物肉品质等。然而，随着养殖密度的迅猛提升，加上脂肪本身具有节约蛋白质效应和降低生产成本的作用，水产养殖者试图通过增加日粮中的脂肪来降低日粮中蛋白质的用量，并希望有限的蛋白质得到更充分的利用，促进肌肉蛋白的生成，同时通过提高日粮脂肪水平增加肌肉中的脂肪酸含量，改善养殖水产动物的口感和肉质，从而达到提高经济效益的目的。肌内脂肪含量非常直接地影响着肌肉的嫩度和多汁性，进而影响着水产动物的肌肉品质。但是，摄入过高的脂肪会造成机体脂肪过度蓄积，引发氧化应激及炎症反应，导致肉类品质下降、饲料利用率低等现象，严重时还会引起各种疾病。研究发现，高脂肪水平摄入会导致肉的产量和硬度降低。随着大菱鲆日粮脂肪摄入的增加，肌肉紧实性和多汁性显著降低（Regost et al.，2001）。Wang 等（2005）研究发现，随着日粮脂肪水平的增加，军曹鱼体内脂肪含量显著增加。这说明当摄入高水平脂肪时，动物机体将一部分脂肪转化为体内脂肪并储存在肝脏和肌肉组织中，如果长期摄入高脂肪，会造成动物体内脂肪大量蓄积，对于肉类的食用品质也会产生较大影响。这主要是因为肌内脂肪含量会直接影响肌肉的多汁性和嫩度性能。在一定范围内，肌肉中脂肪含量越高，那么它的多汁性就越好，如果超出这个范围，那么肉的多汁性就会显著降低。因此，本文研究营养胁迫下高脂日粮对肌肉品质的影响，不仅可以有效地调控水产动物肌内脂肪沉积，从而使水产品食用品质更佳，而且可以有效地预防相关疾病的发生，对提高水产动物品质和健康发展

具有重要意义。

三、饥饿对水产动物肌肉品质的影响

饥饿的定义是表示机体无法得到或不能充分得到本身营养所需要的氧、热量或营养物质的一种状态。饥饿包括食物营养缺乏、食物不足、完全没有食物等情形。在生产过程中导致饥饿胁迫的因素有很多，例如生长环境的因素、食物摄取受限、生理生化功能受损以及特殊的生理或病理等方面的因素。在自然环境中，对多数水产动物来说，因季节更替、环境剧变或食物分布不均匀等原因，经常会遭受到不同程度的饥饿或者营养不足的一些胁迫，导致自身储备的能量枯竭以及生长速率减慢。而在人工养殖过程中，由于养殖密度过大，投喂不及时和投喂技术等原因，也经常出现饥饿的现象，当动物受到饥饿应激时，机体不断消耗储备的能量，内环境改变对机体许多生理生化指标以及相关基因蛋白产生一定影响。饥饿时内分泌系统紊乱，消化能力下降，免疫功能降低，血液的生理生化指标发生变化，动物体内的糖类、脂肪、蛋白质等都会大量消耗来供能。也有研究表明，饥饿会对水产动物的肌肉品质产生一定影响，饥饿能诱导脂肪代谢，一些养殖水产品在上市前通过饥饿处理来刺激脂质分解代谢以提高其肌肉品质。研究发现：饥饿过程会造成动物机体质量下降从而提高其肉质新鲜度。Medina 等（2010）对细点牙鲷的研究中发现：饥饿 5 周后肌肉的硬度显著提高。而在鲫鱼的研究中发现，饥饿 6 天内随着饥饿时间的延长，肌肉硬度显著下降，饥饿 8 天后轻微上升，但整体上饥饿处理后肌肉硬度呈下降趋势；随着肌肉脂肪含量的下降，咀嚼性也有所下降（贺诗水等，2016）。斑点叉尾鮰的研究中显示，肌肉水分随饥饿时间延长呈增加趋势，粗蛋白和粗脂肪含量呈下降趋势。随着饥饿胁迫持续斑点叉尾鮰肌肉内聚性和弹性呈增高趋势，而硬度呈现下降，有利于增强肉品质的感官特性。在饥饿过程中不同种类脂肪酸损失速度和程度因动物种类的不同而有所差异（柳敏海等，2009）。此外，饥饿还可能造成肌肉厚度下降、肌纤维变细、结缔组织崩溃疏松等影响。有关饥饿对水产动物肌肉品质的研究越来越受到关注，但是饥饿过程中肌肉品质的变化与内稳态及其适应性调控机制目前还尚无报道，需要进一步研究。

第二节　营养胁迫下肌肉组织的适应性调控机制

一、氧化应激、自噬与肌肉品质的研究概况

氧化应激是水产动物生长过程中一种非常常见的应激方式。许多应激反应都

能造成机体发生不同程度的氧化应激。肌肉组织细胞中的活性氧（ROS）含量影响着肌肉细胞结构、风味物质的形成以及肌内脂肪含量的变化，从而对肌肉品质产生影响。在水产动物中，丙二醛（MDA）和蛋白质羰基（PC）含量分别被广泛用作脂质过氧化和蛋白质氧化损伤的重要指标。一般来说，抗氧化损伤的保护作用可能与提高机体活性氧自由基清除能力有关。肌肉被氧化是肉品质下降的主要原因。肌肉之所以对氧化损伤特别敏感是由于肌肉组织中含有许多不饱和脂肪酸、色素、还原性金属离子。氧化影响肉的风味，导致有害物质含量升高，滴水损失增多。研究发现，活性氧增加了金属蛋白酶的活性，减少了胶原蛋白的合成，导致胶原蛋白的溶解性降低，降低了肉的嫩度。肌肉中活性氧的增加将会导致苯丙氨酸和色氨酸降解；肌肉中不饱和脂肪酸被氧化；氧合肌红蛋白转化为铁肌红蛋白，从而影响肉色。肌肉蛋白质的修饰会影响肉色、风味和持水力。氧化应激可引起细胞内钙离子稳态发生改变，造成肌浆网中钙离子紊乱，钙离子失衡会破坏肌浆网的结构，导致钙离子从肌浆网中渗出，激活蛋白分解酶和脂肪水解酶，破坏细胞膜的结构，最终引起细胞的凋亡，造成肉品质改变。水产动物养殖过程中受各种因素如营养过剩或摄入过多高脂肪、高热量食物，饥饿或营养缺乏，日粮营养不均衡，饲养条件等影响都会促使机体内活性氧增加，造成氧化应激，降低其肌肉品质。

Kelch 样环氧氯丙烷相关蛋白 1（Keap1）/核因子 E2 相关因子 2（Nrf2）系统是一种以维持细胞内稳态为目的的防御系统。在进化过程中，所有的生物都必须面对各种各样的压力源，只有具备功能性防御系统的生物才能生存和进化。该系统是由 Nrf2 与胞质阻遏蛋白 Keap1 之间相互作用调节的。Nrf2 是碱性亮氨酸拉链蛋白 Cap-n-Collar（CNC）家族的一员，由 Moi 等（1994）首次描述作为 β-珠蛋白基因表达的激活剂，后来被描述为细胞氧化应激的主要传感器。Keap1 是 Nrf2 的主要细胞内调节因子，具有五个结构域，即三个 BTB、一个干预区 IVR 和双甘氨酸重复区 DGR 结构域，每个结构域对抑制 Nrf2 活性都很重要。Keap1/Nrf2-ARE 信号是通路机体最重要的抗氧化应激通路之一，对动物的健康保护极其重要。Nrf2 被认为是抗氧化转录的主要调节剂，正常生理状态下，Nrf2 通常是与 Keap1 相结合形成复合物；当在氧化应激条件下时，形成的复合物解离，Nrf2 与细胞核中的抗氧化反应元件（ARE）结合，结合后可以诱导使其下游靶蛋白（抗氧化酶）和靶基因（Ⅱ相解毒酶基因）发生作用，使机体从氧化应激状态恢复到正常生理状态，继而起到保护细胞的作用。

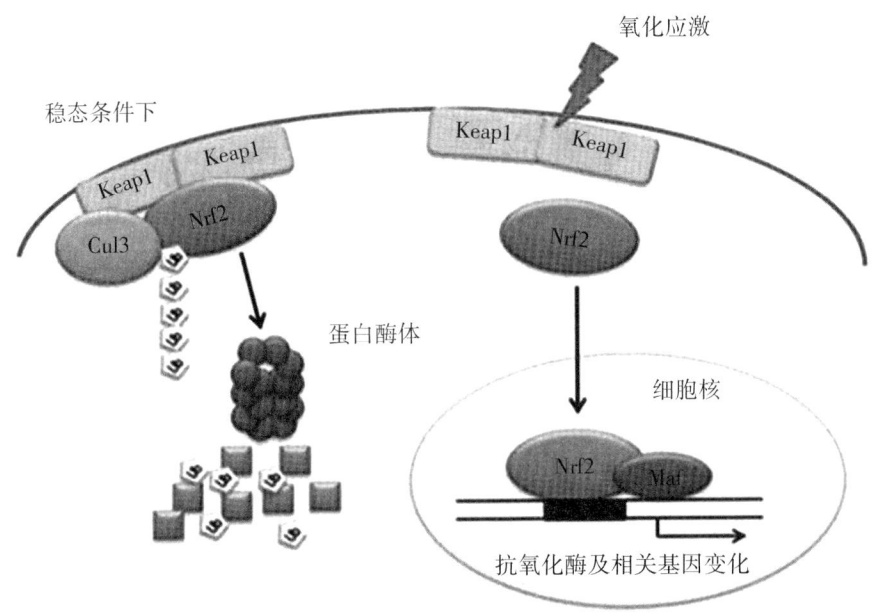

图 1-1　Keap1/Nrf2-ARE 通路在氧化应激中的作用机制

Nrf2 可以调节许多抗氧化酶物质，包括血红素加氧酶 1（HMOX1）、NAD（P）H：醌氧化还原酶 1（NQO1）、超氧化物歧化酶（SOD）、过氧化氢酶（CAT）和还原型谷胱甘肽（GSH）等。在小鼠的心肌细胞中 Nrf2 功能的丧失显著增加了高葡萄糖诱导的氧化应激和细胞凋亡，同时收缩力降低。在机制上，Nrf2 调节原代心肌细胞、体内心肌组织和成心肌细胞系 H9C2 中的基础表达和诱导的受调控细胞保护基因，这是由于敲除 Nrf2 后细胞中的基础表达和诱导表达均丢失或 Nrf2 干扰大大减少。该研究证明，Nrf2 是保护心脏免受葡萄糖诱导的氧化应激和心肌病所必需的调节因子（He et al.，2009）。Nrf2 存在于大部分生物体内，甚至在某些无脊椎动物中也发现了 Nrf2 的存在。然而，目前对水产动物 Keap1/Nrf2-ARE 信号通路的研究仅处于刚开始阶段。

N-乙酰半胱氨酸（NAC）作为谷胱甘肽的前体物质，是一种含巯基的抗氧化剂，它具有清除活性氧自由基、调节细胞代谢、防止 DNA 损伤、调节基因表达和信号传导系统等功能。研究表明，抗氧化剂 NAC 不仅可显著降低 ROS 水平，而且显著降低砷诱导的细胞死亡，抑制空泡的形成（Strobel et al.，2011）。NAC 已被广泛应用于研究 ROS 在许多生物学和病理过程中的作用。然而，目前尚未报道 NAC 在营养胁迫下诱导的 ROS 产生与 Keap1/Nrf2-ARE 信号通路对水产动物肌肉品质的作用及其关系，仍有待进一步研究。

自噬是指一个吞噬自身细胞质蛋白或细胞器并使其包被进入囊泡，并与溶酶体融合形成自噬体，进而传递到溶酶体降解其所包裹的内容物的过程。其借此实现细胞本身的代谢需要和某些细胞器的更新。根据细胞物质运到溶酶体内的途径不同，自噬分为三种类型：大自噬，也就是通常说的自噬，它是真核细胞蛋白降解的途径之一，由内质网来源的膜包绕待降解物形成自噬体，然后与溶酶体融合并降解其内容物；小自噬是指溶酶体的膜直接包裹长寿命蛋白并在溶酶体内降解；分子伴侣介导的自噬（CMA），细胞质内蛋白结合到分子伴侣后被转运到溶酶体腔中，然后被溶酶体酶消化。CMA 的底物是可溶的蛋白质分子，在清除蛋白质时有选择性，而前两者无明显的选择性。细胞自噬是普遍存在于真核细胞中的生命现象。细胞内蛋白质和细胞器发生变形、衰老或损伤时可通过细胞自噬转运至溶酶体内进行消化降解。细胞自噬水平的调节可以通过适宜的运动强度使其上升，并且降解细胞内损伤的细胞器和代谢废物。

细胞自噬是一种进化上高度保守的分解代谢过程，其在细胞生长发育、内稳态平衡和重塑中发挥着重要作用，从而有助于维持细胞成分降解、合成和再循环之间的平衡关系。自噬的主要作用是将营养从不必要的过程重新分配到生存所需的更关键的过程中。更重要的是，低水平的组成型自噬对于保持蛋白质和细胞器的质量以维持细胞功能也至关重要。细胞自噬具有比预期更多的一些生理和病理的作用，例如营养适应、细胞内蛋白质和细胞器清除、发育、抗衰老、消除微生物、细胞死亡、肿瘤抑制和抗原呈递等。有研究表明，在高脂日粮诱导的 2 型糖尿病（T2D）实验动物模型中，腺苷酸活化蛋白激酶（AMPK）在骨骼肌中诱导了自噬的发生（Cho et al.，2017）。肌肉是控制新陈代谢最重要的部位之一，在分解代谢条件下，肌肉蛋白质被动员起来，以维持肝脏中的糖异生，并为器官提供替代能源基质。

大量研究表明，氧化应激所产生的 ROS 是自噬的重要调节因子，它能诱导自噬的产生。细胞自噬能够缓解氧化应激对机体所造成的伤害，从而起到发挥细胞保护的作用。许多情况下会导致 ROS 水平升高，在某些疾病中，自噬是由 ROS 水平升高引起的。肿瘤坏死因子 α（TNF-α）显著引起线粒体功能障碍，并产生大量 ROS，在坏死性小肠结肠炎期间诱导线粒体自噬。然而，自噬途径是否参与营养变化诱导的氧化应激对肌肉的影响还没有研究。微管相关蛋白 1 轻链 3（MAP1LC3，又称 LC3）蛋白主要位于自噬体的膜上，在自噬过程中参与自噬体的形成，并作为主要的自噬标志物。LC3 家族包括三个高度同源的成员：MAP1LC3A、MAP1LC3B 和 MAP1LC3C。UNC－51 样自噬活化激酶 1（ULK1）在启动自噬、接收细胞营养状态信号、向自噬体形成部位募集下游自噬相关蛋白并对其进行调控等方面发挥着重要作用。西罗莫司靶蛋白（mTOR）

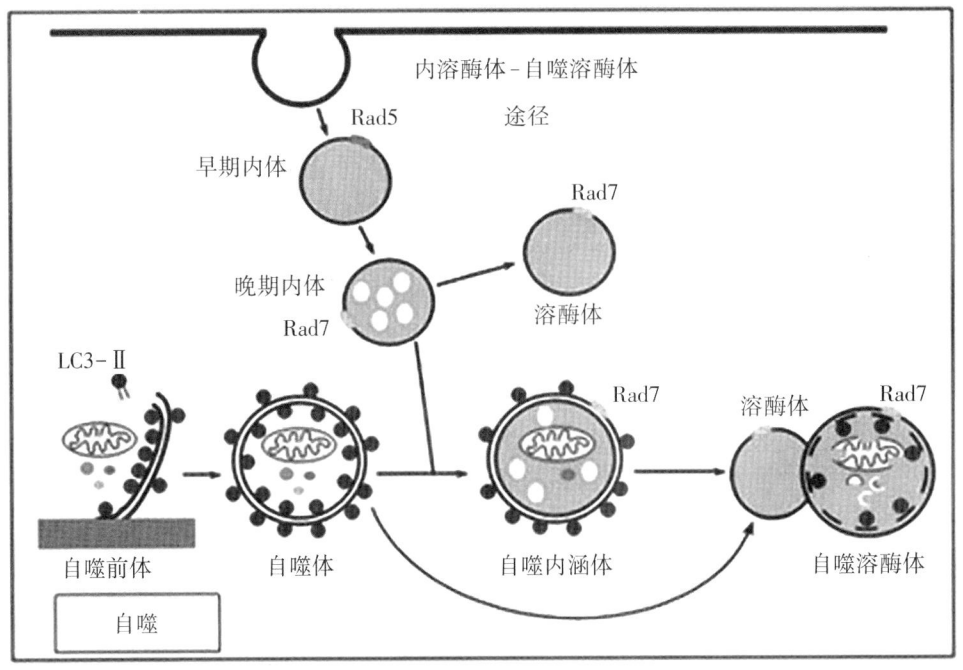

图 1-2　细胞自噬形成过程

被证明是自噬的一种负调节因子，它响应着来自营养物质和生长因子通路的影响信号，进而能够控制着细胞的生长和代谢能力。相比之下，AMPK 正向调节自噬。AMPK 则是由能量的变化压力所激活，它能通过一磷酸腺苷（AMP）/三磷酸腺苷（ATP）比率的变化来感知这一变化。AMPK 激活后，通过多种机制刺激自噬。这是因为它通过磷酸化并且激活 ULK1 和 Beclin-1-VPS34 的复合体，从而能够促进细胞自噬体诱导的早期的一种反应。其次，AMPK 通过磷酸化来抑制 mTOR 诱导自噬的发生。

二、KLF15-BCAA 信号轴在肌肉能量稳态中的调节作用

支链氨基酸（BCAA）包括亮氨酸（Leu）、异亮氨酸（Ile）、缬氨酸（Val）三种，它们都属于必需氨基酸，约占肌肉蛋白质必需氨基酸的 35%，是代谢和代谢健康的重要调节剂。BCAA 不仅是蛋白质合成的必需底物，而且还在蛋白质代谢、氧化供能、促进肝脏糖异生、增强免疫力和减少负氮的平衡等方面具有重要的调控作用。BCAA 不能在动物体内自行合成，它必须要从食物中获得，以满足身体的需要。人体内大多数的氨基酸代谢都在肝脏内完成，而 BCAA 是唯一一类在肌肉内发生高程度代谢的氨基酸。研究表明，BCAA 的分解在肌肉中十分活跃，它能以相当快的速率进行转氨基和完全的氧化，其完全氧化所产生 ATP

的效率远远高于其他氨基酸。肌肉 BCAA 分解代谢的起始步骤都是转氨作用，脱下的氨基被转移到 α-酮戊二酸上，生成谷氨酸；剩余的碳骨架则会进行生成相对应的支链 α-酮酸。在肌肉中，BCAA 分解代谢的第一步反应是支链氨基酸转氨酶（BCAT）的催化作用；第二步反应是在支链 α-酮酸脱氢酶复合体（BCKDC）催化下氧化脱羧，生成相应的乙酰-CoA 衍生物，再经过数步反应可以进入三羧酸循环（TCA）。当处于静息状态时，肌肉总能耗的 14% 是由 BCAA 氧化过程所提供的。在饥饿、泌乳、运动等特殊情况下，BCAA 的氧化能量供应增强，成为体内重要的能量物质来源，肌肉氧化 BCAA 的转氨基产物 α-酮酸的能力在禁食时可提高 3~5 倍。在禁食状态下，丙酮酸在肌肉内接受来自支链氨基酸生成的谷氨酸的一个氨基，然后通过谷丙转氨酶（ALT）的转氨基作用将其转化为丙氨酸，将丙氨酸转运至肝脏，最后通过脱氨基生成丙酮酸，再转化为葡萄糖，为肝脏提供糖异生底物，以维持能量代谢和内稳态平衡。

　　Krüppel 样因子 15（KLF15）是 KLF 转录因子家族成员，该家族的特征是 C 端具有高度保守的三个连续 Cys_2/His_2 锌指结构的 DNA 结合结构域的转录调控因子，对机体的生长发育和代谢平衡都有重要的作用。KLF 家族因子通过特异结合靶基因启动子区 GC 富含序列包括 GC box 或 GT box 等结合元件，调控靶基因的表达，参与细胞生长、增殖、分化、发育和凋亡。迄今为止，共鉴定出 18 个 KLF 家族成员，特别是 KLF15 在肌肉中有很高的表达量，表明其在肌肉代谢中的潜在作用。研究表明，KLF15 是 BCAA 代谢中的关键转录调节因子。KLF15-BCAA 信号通路是肌肉中的一个关键调节轴，其失衡对机体代谢内稳态有较大影响。Gray 等（2007）发现敲除 KLF15 后，小鼠骨骼肌 BCAA 通过转氨途径生成丙氨酸进入肝脏的能力有明显的下降，BCAA 分解代谢关键酶 BCAT2 mRNA 水平显著降低。此外，KLF15 敲除后小鼠肝脏 ALT 活性显著降低。Shimizu 等（2011）证明 KLF15 可以在大鼠的转录水平上调节 BCAT2 的表达。Jeyaraj 等（2012）在正常小鼠和 KLF15 缺失小鼠的研究中发现，KLF15 腺病毒的过表达诱导小鼠肝细胞和肌肉中 ALT 和 BCAT2 基因的表达，谷氨酸浓度随丙氨酸的降低而升高，这证明 KLF15 的异常表达改变了支链氨基酸的代谢。越来越多的证据表明，KLF15 已成为支链氨基酸代谢的关键调节因子，缺乏这种转录因子会造成机体严重损害。

　　中华鳖，又名"中国鳖"，俗称甲鱼、团鱼等。在物种分类学上隶属于脊索动物门、脊椎动物亚门、爬行纲、龟鳖目、鳖科、鳖属，它是我国重要的水产养殖品种之一。中华鳖体躯扁平，呈椭圆形，背腹具甲；通体被柔软的革质皮肤、无角质盾片；体色基本一致，无鲜明的淡色斑点。中华鳖因其肉质细嫩、肉味鲜美、营养丰富、滋补力强，深受人们的喜爱，现已成为我国及东南亚地区的主要特种水产养殖品种。随着消费需求的增加，中华鳖养殖业得到快速发展，2019年中国中华鳖养殖产量超过 32 万吨，年产值在 500 亿人民币以上，位居世界首位，它属优质高档水产品。目前，中华鳖主要养殖方式是集约化池塘养殖，现已发展了多种生态养殖方式，已形成了大规模、有影响的特种水产养殖产业。但随着养殖产量的增加，中华鳖肌肉品质逐渐下降，出现肉质粗糙、乏味，裙边较薄、无光泽，口感较差，营养价值明显降低等问题，严重影响了中华鳖的品质和产业的健康发展。除了养殖环境、病原微生物外，营养因素已成为影响中华鳖肉品质的主要因素之一。然而，目前关于营养条件改变时中华鳖肌肉品质的变化及其适应性调控机制尚不清楚。中华鳖作为水陆两栖爬行类模式动物，因其优良的肉质性状和营养价值，是研究水生动物肌肉营养品质的理想材料。同时，也对人类改善蛋白和氨基酸营养具有重要的意义。有鉴于此，我们以中华鳖为材料开展肌肉品质及其营养变化下肌肉适应性调控机制研究，对于提高水产动物肉质水平，促进水产品健康和持续发展具有重要意义。

第二章 高脂日粮对中华鳖肌肉品质的影响

　　脂肪是一类重要的营养物质，它不仅提供必需脂肪酸和能量，且在改善脂类代谢、提高动物肉质等方面具有重要作用。水产动物对脂肪的摄入主要来源是食物，因此，日粮脂肪对动物脂肪沉积有着重要影响。特别是近几年来，随着脂肪的蛋白质节约效应导致其在日粮中所占比例不断增加，这样往往会造成养殖过程中机体出现脂肪过度蓄积现象，引发氧化应激及炎症反应，造成肉品质下降、饲料利用率低等现象，严重时还会引起各种疾病。研究发现，高脂肪水平摄入会导致肉的产量和硬度降低。随着大菱鲆日粮脂肪摄入的增加，肌肉紧实性和多汁性显著降低（Regost et al.，2001）。Wang 等（2005）研究发现，随着日粮脂肪水平的增加，军曹鱼体内脂肪含量显著增加。此外，草鱼、红鼓鱼、大西洋鲑、地中海黄尾鱼和欧洲海鲈的研究中也有类似的现象发生。这一现象证明当摄入高水平脂肪时，机体将一部分脂肪转化为体内脂肪并储存在肝脏和肌肉组织中，然而如果长期摄入高脂食物，会造成机体内大量的脂肪蓄积，对于肉类的食用品质也会产生较大的影响。这主要是因为肌内脂肪含量的多少会直接影响到肌肉的多汁性和嫩度性能，一般在一定范围内，肌肉中脂肪含量越高，它的多汁性就会越好，如果超出这个范围，肉的多汁性就会显著降低。

　　NAC 是 L-半胱氨酸的乙酰基化合物。研究表明，NAC 可以作为一种巯基供体，它也是一种抗氧化剂，具有清除活性氧自由基，调节细胞代谢活动等功能。然而，目前尚未报道高脂日粮诱导的氧化应激与自噬对肉品质的影响及其在内机制。因此，本章通过在高脂日粮中添加 NAC 来进一步验证高脂诱导的氧化应激与自噬与肌肉品质的内在联系。本章节旨在研究高脂日粮对中华鳖肌肉品质的影响，揭示高脂日粮对肌肉脂肪沉积规律，为水产动物养殖过程中控制日粮中的脂肪含量提供参考。

第一节 高脂日粮对中华鳖生长性能的影响

　　实验动物来自湖南省水产科学研究所，共180只鲜活健康、大小规格一致的中华鳖幼鳖，初始均重为（38.60±1.13）克。本试验以鱼油和豆油为脂肪源，配制脂肪水平分别为 6.38% 的适宜脂肪（正常组）、13.89% 的高脂肪（高脂组）

和 14.05% 的高脂肪中添加 0.1%NAC（高脂＋NAC 组）三种等氮试验日粮，每组设 3 个重复，每个重复 20 只鳖，试验日粮配方及营养成分见表 2-1。实验在自然光循环下进行，水温保持在 28 ℃～30 ℃，每天上、下午各投喂一次，日投喂量为鳖体重的 3% 左右，养殖时间为 8 周。

表 2-1 (a)　　　　　　　　　　试验日粮配方（%干物质）

配方	正常组	高脂组	高脂＋NAC 组
鱼粉[1]	43.5	43.5	43.5
乌贼肝粉	6.5	6.5	6.5
膨化豆粕	12	12	12
小麦粉	8.5	0.5	0.4
啤酒酵母	8	8	8
鱼油	1.5	1.5	1.5
豆油	0	8	8
α-淀粉	17	17	17
复合矿物质[2]	1.5	1.5	1.5
复合维生素[3]	1.5	1.5	1.5
NAC	0	0	0.1

表 2-1 (b)　　　　　　　　　　试验日粮营养成分（%干物质）

营养成分	正常组	高脂组	高脂＋NAC 组
干物质	93.79	92.93	92.97
粗蛋白	43.67	42.68	42.67
粗脂肪	6.38	13.89	14.05
粗灰分	12.43	10.82	10.65

注：[1] 鱼粉成分：粗蛋白 68.10% 干物质，粗脂肪 9.35% 干物质，灰分 21.46%；[2] 复合矿物质（克/千克日粮）：氟化钠，0.002 克；碘化钾，0.0008 克；六水氯化钴（1%），0.05 克；五水硫酸铜，0.01 克；一水硫酸亚铁，0.08 克；一水硫酸锌，0.05 克；一水硫酸锰，0.06 克；七水硫酸镁，1.2 克；磷酸二氢钙 3 克，沸石粉，15.55 克；[3] 复合维生素（克/千克日粮）：维生素 B_1，0.025 克；核黄素，0.045 克；盐酸-吡哆醇，0.02 克；维生素 B_{12}，0.0001 克；维生素 K_3，0.01 克；肌醇，0.8 克；泛酸，0.06 克；烟酸，0.2 克；叶酸，0.02 克；生物素，0.0012 克；视黄醇乙酸，0.032 克；维生素 D_3，0.005 克；α-生育酚，0.12 克；抗坏血酸，2.0 克；氯化胆碱，2.0 克；微晶纤维素，14.67 克。

通过测定高脂日粮对中华鳖生长性能的影响的实验（表 2-2），我们发现与正常组相比，摄入高脂日粮对中华鳖存活率、饲料转化率影响不显著（$p >$ 0.05），终末体重、增重率、特定生长率、脏体指数和肝体指数均显著高于正常组（$p < 0.05$）；当在高脂日粮中添加 NAC 饲喂后，中华鳖终末体重、增重率、特定生长率较高脂组显著升高，而脏体指数和肝体指数明显降低。

表 2-2　　　　　　　　高脂日粮对中华鳖生长性能的影响

项目	正常组	高脂组	高脂+NAC 组
初始体重/克	38.60 ± 1.13	39.20 ± 1.26	39.13 ± 1.11
终末体重/克	65.44 ± 2.55^a	77.42 ± 3.32^b	81.37 ± 3.19^c
增重率/%	69.53 ± 6.60^a	97.50 ± 8.48^b	107.95 ± 8.93^c
特定生长率/（%/天）	0.94 ± 0.07^a	1.21 ± 0.08^b	1.35 ± 0.10^c
饲料转化率	1.33 ± 0.08	1.26 ± 0.06	1.25 ± 0.06
脏体指数/%	9.36 ± 0.56^a	11.41 ± 1.10^b	10.17 ± 1.05^a
肝体指数/%	2.41 ± 0.18^a	2.67 ± 0.25^b	2.53 ± 0.14^{ab}
存活率/%	100	100	100

注：数据用平均值±标准误表示（$n = 3$ 个重复组），每个重复取所有样测量。同行不同字母表示差异显著（$p < 0.05$）。

第二节　高脂日粮对中华鳖肌肉组织特征的影响

一、高脂日粮对中华鳖肌肉营养成分和质构特性的影响

我们测定中华鳖肌肉基本营养成分（表 2-3）、氨基酸含量（表 2-4）和脂肪酸含量（表 2-5）。结果显示：与正常组相比，高脂组中肌内脂肪含量显著增加且蛋白质含量降低（$p < 0.05$），对肌肉氨基酸总含量影响不显著，饱和脂肪酸和单不饱和脂肪酸比例明显升高，而多不饱和脂肪酸比例显著下降（$p < 0.05$）；当在高脂日粮中添加 NAC 进行饲喂后，肌内脂肪含量显著减少且蛋白质含量增加（$p < 0.05$），对肌肉氨基酸总含量无显著影响，而与饱和脂肪酸含量呈负相关，与不饱和脂肪酸含量呈正相关。

表 2-3　　　　　　　高脂日粮对中华鳖肌肉基本营养成分的影响（%）

营养成分	正常组	高脂组	高脂+NAC 组
水分	78.19 ± 1.22	82.70 ± 1.89	82.05 ± 1.36
蛋白质	18.85 ± 1.05^a	14.39 ± 1.01^b	17.49 ± 1.21^a
脂肪	0.89 ± 0.32^a	1.54 ± 0.72^c	1.16 ± 0.68^b
灰分	0.95 ± 0.22	0.82 ± 0.12	0.79 ± 0.11

注：数据用平均值±标准误表示（$n = 3$ 个重复组），每个重复取 3 只中华鳖。同行不同字母表示差异显著（$p < 0.05$）。

表 2 - 4　　　　　　　　高脂日粮对中华鳖肌肉氨基酸含量的影响（%）

氨基酸名称	正常组	高脂组	高脂＋NAC 组
天冬氨酸 ♯	1.73 ± 0.06^{b}	1.56 ± 0.05^{a}	1.69 ± 0.08^{b}
苏氨酸 *	0.79 ± 0.06	0.73 ± 0.02	0.76 ± 0.04
丝氨酸	0.78 ± 0.05	0.68 ± 0.03	0.75 ± 0.05
谷氨酸 ♯	2.77 ± 0.11^{b}	2.50 ± 0.04^{a}	2.59 ± 0.06^{a}
甘氨酸 ♯	0.92 ± 0.04	0.79 ± 0.03	0.85 ± 0.03
丙氨酸 ♯	1.01 ± 0.06	0.92 ± 0.04	0.97 ± 0.07
胱氨酸	0.05 ± 0.01^{a}	0.04 ± 0.01^{a}	0.07 ± 0.01^{b}
缬氨酸 *	0.84 ± 0.05	0.83 ± 0.03	0.76 ± 0.03
蛋氨酸 *	0.47 ± 0.01	0.44 ± 0.01	0.45 ± 0.02
异亮氨酸 *	0.85 ± 0.03	0.78 ± 0.02	0.88 ± 0.02
亮氨酸 *	1.42 ± 0.08	1.31 ± 0.06	1.45 ± 0.07
酪氨酸	0.63 ± 0.04	0.61 ± 0.01	0.58 ± 0.04
苯丙氨酸 *	0.74 ± 0.06	0.71 ± 0.03	0.67 ± 0.04
组氨酸	0.57 ± 0.00	0.59 ± 0.02	0.57 ± 0.02
赖氨酸 *	1.64 ± 0.07^{b}	1.50 ± 0.04^{a}	1.65 ± 0.09^{b}
精氨酸	1.01 ± 0.08	1.04 ± 0.05	1.12 ± 0.07
脯氨酸	0.75 ± 0.05^{b}	0.64 ± 0.03^{a}	0.65 ± 0.02^{a}
TAA	**16.97±0.54**	**15.67±0.60**	**16.47±0.33**
TEAA/TAA/%	39.78 ± 0.43	40.20 ± 0.55	40.19 ± 0.61
TEAA/TNEAA/%	66.05 ± 0.78	67.24 ± 0.38	67.21 ± 0.53
TDAA/TAA/%	37.89 ± 0.42	36.82 ± 0.44	37.04 ± 0.49

　　注：样品以鲜重测定。TAA 为氨基酸总量；TEAA 为必需氨基酸总量；TNEAA 为非必需氨基酸总量；TDAA 为呈味氨基酸总量；* 为必需氨基酸；♯ 为呈味氨基酸。数据用平均值±标准误表示（$n=3$ 个重复组），每个重复取 3 只中华鳖。同行不同字母表示差异显著（$p<0.05$）。

表 2 - 5　　　　　　　高脂日粮对中华鳖肌肉脂肪酸含量的影响（%）

脂肪酸名称	正常组	高脂组	高脂＋NAC 组
癸酸	0.61 ± 0.05	0.46 ± 0.04	0.43 ± 0.02
豆蔻酸	0.47 ± 0.04^a	0.73 ± 0.05^b	0.77 ± 0.04^b
棕榈酸	11.09 ± 1.08^a	14.49 ± 1.09^b	10.58 ± 0.77^a
硬脂酸	7.43 ± 0.52^a	9.68 ± 0.57^b	8.39 ± 0.66^{ab}
ΣSFA	$\mathbf{19.60\pm1.01^a}$	$\mathbf{25.36\pm1.02^b}$	$\mathbf{20.17\pm1.02^a}$
棕榈烯酸	0.91 ± 0.09	0.86 ± 0.08	0.92 ± 0.05
油酸	8.60 ± 0.73^a	11.86 ± 1.12^b	11.85 ± 1.10^b
二十碳烯酸	0.51 ± 0.08	0.77 ± 0.11	0.81 ± 0.12
芥酸	7.64 ± 0.87^a	8.43 ± 0.65^a	10.69 ± 0.90^b
二十四碳烯酸	0.59 ± 0.04	0.41 ± 0.05	0.40 ± 0.03
ΣMUFA	$\mathbf{18.25\pm1.39^a}$	$\mathbf{22.33\pm1.32^b}$	$\mathbf{24.67\pm1.32^b}$
亚油酸	14.91 ± 1.14	16.87 ± 1.19	16.34 ± 1.18
α-亚麻酸	1.12 ± 0.04^b	0.93 ± 0.04^a	0.97 ± 0.05^a
γ-亚麻酸	0.60 ± 0.08^a	1.08 ± 0.12^b	1.31 ± 0.20^b
顺-11，14，17-二十碳三烯酸	0.33 ± 0.06	0.35 ± 0.09	0.66 ± 0.08
花生四烯酸	9.08 ± 0.68^b	6.76 ± 0.50^a	6.63 ± 0.35^a
二十碳五烯酸	13.31 ± 0.82^b	11.03 ± 0.67^a	13.55 ± 0.95^b
二十二碳六烯酸	22.80 ± 0.90^b	15.29 ± 0.63^a	15.70 ± 0.58^a
ΣPUFA	$\mathbf{62.15\pm0.83^b}$	$\mathbf{52.31\pm0.96^a}$	$\mathbf{55.16\pm0.90^a}$

注：ΣSFA 为饱和脂肪酸总量；ΣMUFA 为单不饱和脂肪酸总量；ΣPUFA 为多不饱和脂肪酸总量。数据用平均值±标准误表示（$n=3$ 个重复组），每个重复取 3 只中华鳖。同行不同字母表示差异显著（$p<0.05$）。

　　如图 2-1 所示，高脂日粮条件下中华鳖肌肉质构特性的变化情况显示，与正常组相比，摄入高脂日粮后，中华鳖肌肉的硬度、胶黏性和咀嚼性均呈现显著下降趋势；而在高脂日粮中添加 NAC 投喂后，中华鳖肌肉硬度和胶黏性较高脂组显著升高，且硬度恢复到正常组水平（$p<0.05$）。

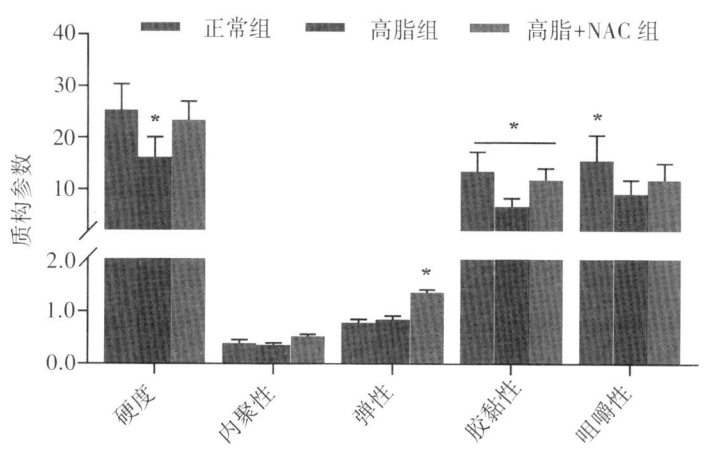

图 2-1　高脂日粮对中华鳖肌肉质构特性的影响

注：数据用平均值±标准误表示（$n=3$ 个重复组），每个重复取 3 只。＊表示与各组间差异显著（$p<0.05$）。

二、高脂日粮对中华鳖肌肉组织结构的影响

如图 2-2 所示，高脂日粮条件下中华鳖肌肉组织结构的变化情况显示，与正常组相比，高脂组中华鳖肌纤维间可见明显的脂肪空泡沉积，肌纤维间隔明显增宽，肌细胞间质肿胀，可发现少量纤维化；而在高脂日粮中添加 NAC 投喂后，中华鳖肌肉组织形态得到明显改善，细胞间质肿胀显著减轻，肌纤维排列相对规则并逐渐得到修复。

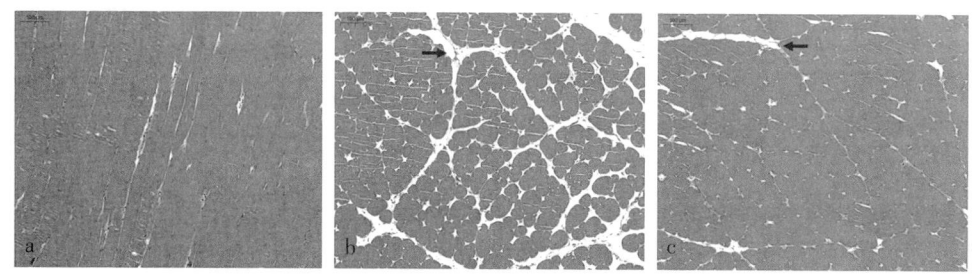

图 2-2　高脂日粮对中华鳖肌纤维组织结构的影响

注：（a）为正常组，（b）为高脂组，（c）为高脂＋NAC 组，HE 染色光学显微镜下可见摄入高脂日粮后肌纤维结构变化情况，刻度标尺为 100 微米。

脂肪作为一类重要的营养物质，它是动物正常生长发育所必需的，其在水产动物健康与品质保障方面发挥着重要的作用。本研究中，高脂日粮对中华鳖存活率、饲料转化率影响不显著，终末体重、增重率、特定生长率、脏体指数和肝体指数均显著高于正常组；肌内脂肪含量随着日粮脂肪水平的提高而显著增加，蛋白质含量则明显降低，影响了体内蛋白质的合成，这说明高脂日粮摄入增加了水

产动物肌内脂肪含量，进而影响了蛋白质的吸收与合成。此外，高脂日粮对肌肉氨基酸含量影响不明显，但肌肉内饱和脂肪酸和单不饱和脂肪酸比例升高，而多不饱和脂肪酸的比例显著降低，这可能是由于生物体内自由基大量生成，从而对细胞膜多不饱和脂肪酸造成脂质过氧化反应。

研究发现，高脂肪水平摄入会导致肉的产量和硬度降低。随着大菱鲆日粮脂肪摄入的增加，肌肉紧实性和多汁性显著降低（Regost et al.，2001）。Wang 等（2005）研究发现，随着日粮脂肪水平的增加，军曹鱼体内脂肪含量显著增加。此外，红鼓鱼、大西洋鲑、地中海黄尾鱼和欧洲海鲈的研究中也有类似的发现。这可能是体内摄入过多的脂肪时，机体将部分脂肪转化为体内脂肪并储存在肝脏和肌肉组织中，从而引起机体脂肪过度沉积，导致肉质下降。肌肉内脂肪含量的多少直接影响肉的多汁性和嫩度，一般而言，在一定范围内，肌肉中脂肪含量越高，肉的多汁性越好，超过这个范围，肉的多汁性就会降低。因此，动物体内脂肪含量过高时，反而会使其肉品质降低。而在高脂日粮中添加抗氧化剂 NAC 饲喂后，肌内脂肪含量明显减少，但仍高于正常组范围，对肌肉氨基酸含量无显著影响，与肌肉饱和脂肪酸含量呈负相关，而与不饱和脂肪酸含量呈正相关，证明在高脂日粮中添加 NAC 具有良好的干预作用，对肌肉品质有一定保护效应。NAC 是半胱氨酸的硫基衍生物，作为一种有效的抗氧化剂在机体内发挥作用，参与机体的一般抗氧化活动，可改善氧化还原状态，保护线粒体功能，防止一些疾病的发生，如神经退行性疾病和糖尿病等。肌肉的质地和结构是重要的新鲜度品质评价指标，主要包括以下几个参数，硬度、内聚性、弹性、咀嚼性、胶黏性等，以及结缔组织的内部交联和纤维的分离。硬度是反映样品内部结合力的一个非常重要的质构指标。低硬度的肉类质量具有松弛的肌肉，不易被消费者所青睐。在本研究中，摄入高脂日粮可显著降低中华鳖肌肉的硬度、胶黏性和咀嚼性，这可能是由于摄入高脂日粮导致肌间脂质增加，而肌理柔软的肌肉导致机械强度降低。

在高脂日粮条件下，中华鳖肌肉组织结构受到一定影响，肌纤维间可见明显的脂肪空泡沉积，肌纤维间隙增宽，肌细胞间质肿胀，可见少量纤维化，说明高脂日粮影响了肌纤维的密度和直径，长期如此会造成肌肉结构损伤，对肌肉健康与品质产生严重伤害。而在高脂日粮中添加 NAC 饲喂后发现，肌肉硬度和胶黏性较高脂组有明显提升，且硬度恢复到正常组水平，肌纤维结构形态也得到明显修复，细胞间质肿胀减轻，肌纤维排列相对规则。说明 NAC 干预能有效缓解高脂日粮对中华鳖肌肉组织的损伤和危害。

第三章　高脂日粮诱导中华鳖氧化应激与自噬对肉质调控及其适应性机制

脂肪是一类重要的营养物质，不仅提供动物必需脂肪酸和能量，且在改善脂类代谢、提高动物产品质量和繁殖机能方面起到一定作用。但是，动物长期摄入高脂会引起脂肪过度蓄积，增加机体内自由基的产生，自由基具有很强的氧化能力，并会对脂质、蛋白质、核酸和其他生物大分子产生一定的伤害。脂肪还能引起机体发生氧化应激和造成损伤，影响细胞正常代谢功能，破坏肌肉氧化还原状态及蛋白质代谢，对肌肉品质产生不利影响。长期摄入高脂肪会增加 ROS 的产生，氧化还原状态的改变可能影响抗氧化系统的功能和基因表达，从而影响糖类和脂类代谢。研究表明，在高脂日粮诱导的 2 型糖尿病实验动物模型中，腺苷酸活化蛋白激酶（AMPK）在骨骼肌中诱导自噬的发生（Cho et al.，2017）。肌肉是控制新陈代谢最重要的部位之一，在分解代谢条件下，肌肉蛋白质被动员起来，以维持肝脏中的糖异生，并为器官提供替代能源基质。

然而，自噬途径在高脂日粮诱导氧化应激反应中对肌肉品质的影响和调节机制仍不清楚。因此，本章节旨在研究高脂日粮诱导中华鳖肌肉氧化应激与自噬对肉品质的调控及其适应性机制，为揭示营养胁迫条件下肉品质的潜在调控途径提供部分理论依据。

第一节　高脂日粮对中华鳖血清、肌肉特征指标的影响

一、高脂日粮对中华鳖血清、肌肉生化指标的影响

采用酶标仪及生化分析仪对中华鳖血清和肌肉中的总蛋白、甘油三酯、总胆固醇、低密度脂蛋白胆固醇、高密度脂蛋白胆固醇含量进行测定，结果如表 3-1 和 3-2 所示。与正常组相比，高脂组中血清和肌肉总蛋白、高密度脂蛋白胆固醇含量均出现显著下降，甘油三酯、总胆固醇和低密度脂蛋白胆固醇含量则呈现显著性升高（$p < 0.05$）；而在高脂＋NAC 组中发现血清总蛋白和高密度脂蛋白胆固醇含量明显回升，高密度脂蛋白胆固醇恢复到正常组水平，甘油三酯、总胆固醇和低密度脂蛋白胆固醇含量也有不同程度的降低，肌肉中总蛋白含量恢复到

正常组水平，甘油三酯明显降低（$p<0.05$），其余指标无显著变化。结果表明，高脂日粮能够引起中华鳖血清和肌肉发生不同程度的脂质蓄积，而在高脂日粮中添加 NAC 饲喂后，能够有效改善高脂引起的中华鳖血清和肌肉中的脂质蓄积。

表 3-1　　　　　　　　高脂日粮对中华鳖血清生化指标的影响

项目	正常组	高脂组	高脂＋NAC 组
总蛋白/（克/升）	30.25 ± 1.51^c	21.59 ± 1.09^a	28.30 ± 1.50^b
甘油三酯/（毫摩尔/升）	1.21 ± 0.05^a	7.85 ± 0.19^c	2.07 ± 0.09^b
总胆固醇/（毫摩尔/升）	5.67 ± 0.13^a	10.91 ± 0.14^c	8.78 ± 0.09^b
低密度脂蛋白胆固醇/（毫摩尔/升）	1.71 ± 0.08^a	5.88 ± 0.11^c	2.56 ± 0.05^b
高密度脂蛋白胆固醇/（毫摩尔/升）	0.95 ± 0.02^a	0.56 ± 0.06^b	0.90 ± 0.04^a

注：数据用平均值±标准误表示（$n=3$ 个重复组），每个重复取 3 只。同行不同字母表示差异显著（$p<0.05$）。

表 3-2　　　　　　　　高脂日粮对中华鳖肌肉生化指标的影响

项目	正常组	高脂组	高脂＋NAC 组
总蛋白/（克/升）	39.23 ± 1.01^b	31.50 ± 1.35^a	40.07 ± 1.18^b
甘油三酯/（毫摩尔/克蛋白）	0.16 ± 0.01^a	0.96 ± 0.07^c	0.58 ± 0.05^b
总胆固醇/（毫摩尔/克蛋白）	0.22 ± 0.01^a	0.45 ± 0.02^b	0.46 ± 0.03^b
低密度脂蛋白胆固醇/（毫摩尔/克蛋白）	0.05 ± 0.01^a	0.12 ± 0.01^b	0.10 ± 0.02^b
高密度脂蛋白胆固醇/（毫摩尔/克蛋白）	0.03 ± 0.01^b	0.01 ± 0.00^a	0.01 ± 0.00^a

注：数据用平均值±标准误表示（$n=3$ 个重复组），每个重复取 3 只。同行不同字母表示差异显著（$p<0.05$）。

二、油红 O 染色观察肌内脂滴蓄积情况

采用油红 O 染色方法对中华鳖肌肉组织进行冰冻切片染色，结果如图 3-1 所示。与正常组相比，高脂组中华鳖肌肉组织间隙出现大量脂肪滴，而在高脂＋NAC 组中肌肉内脂肪滴较高脂组明显减少，证明高脂日粮造成了中华鳖肌肉内脂肪大量蓄积，影响其肌肉品质，而在高脂日粮中添加 NAC 饲喂后，可有效减少高脂摄入后肌肉内脂肪蓄积情况，有利于改善中华鳖肌肉品质。

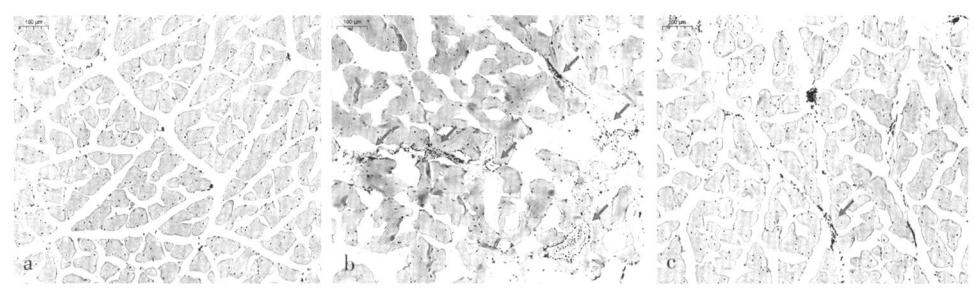

图 3-1　高脂日粮对中华鳖肌肉脂肪蓄积的影响

注：（a）为正常组，（b）为高脂组，（c）为高脂＋NAC组，油红O染色光学显微镜下可见高脂组中肌肉内有大量橘红色脂滴形成，高脂＋NAC组脂滴明显减少。刻度标尺为100微米。

第二节　高脂日粮对中华鳖肌肉氧化应激和自噬水平的影响

一、高脂日粮对中华鳖肌肉氧化应激的影响

我们通过对肌肉中抗氧化酶活性、活性氧（ROS）水平以及氧化损伤指标丙二醛（MDA）、蛋白质羰基（PC）含量进行测定与分析，结果如图 3-2 和 3-3 所示。与正常组相比，高脂组中肌肉抗氧化酶系统中超氧化物歧化酶（SOD）、

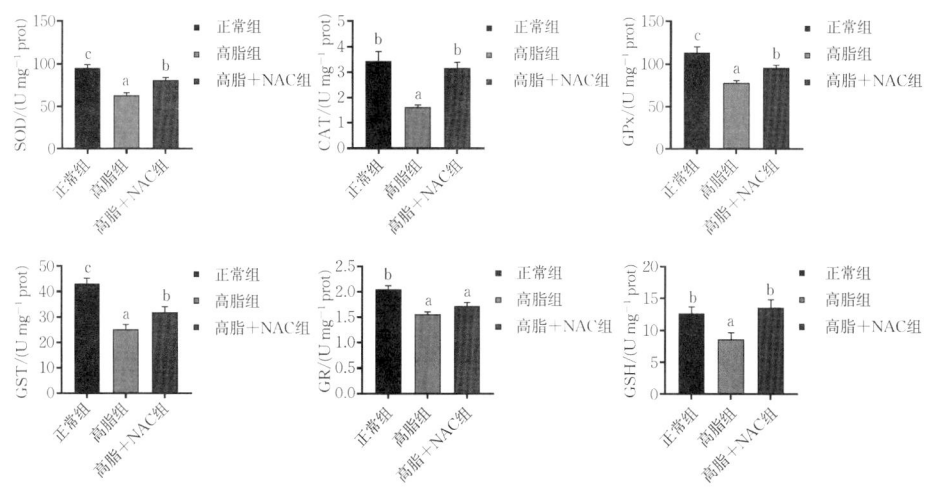

图 3-2　高脂日粮对中华鳖肌肉抗氧化酶活性的影响

注：（1）数据用平均值±标准误表示（$n=3$ 个重复组），每个重复取 3 只；（2）不同字母表示差异显著（$p<0.05$）；（3）U mg^{-1} prot 表示酶活力单位/毫克蛋白，mg g^{-1} prot 表示毫克/克蛋白；（4）SOD表示超氧化物歧化酶，CAT 表示过氧化氢酶，GPx 表示谷胱甘肽过氧化物酶，GST 表示谷胱甘肽 S-转移酶，GR 表示谷胱甘肽还原酶，GSH 表示还原型谷胱甘肽。

过氧化氢酶（CAT）、谷胱甘肽过氧化物酶（GPx）、谷胱甘肽 S - 转移酶（GST）、谷胱甘肽还原酶（GR）活性和还原型谷胱甘肽（GSH）含量均有不同程度降低，ROS 水平明显升高，氧化损伤指标 MDA、PC 含量显著增加（$p<0.05$）。与高脂组相比，高脂＋NAC 组中 SOD、CAT、GPx、GST 酶活性及 GSH 含量显著提高，且部分恢复到正常组水平，同时显著降低了 ROS 水平及 MDA、PC 含量（$p<0.05$），有效地减轻了中华鳖肌肉氧化应激水平。

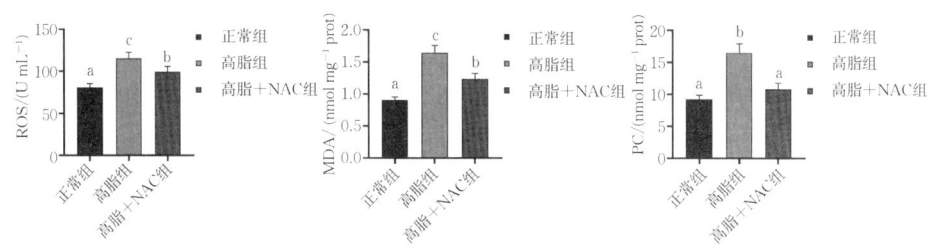

图 3 - 3　高脂日粮对中华鳖肌肉 ROS 水平及氧化损伤的影响

注：（1）数据用平均值±标准误表示（$n=3$ 个重复组），每个重复取 3 只；（2）不同字母表示差异显著（$p<0.05$）；（3）U mL^{-1} 表示酶活力单位/毫升，mmol mg^{-1}prot 表示毫摩尔/毫克蛋白；（4）ROS 表示活性氧，MDA 表示丙二醛，PC 表示蛋白质羰基。

如图 3 - 4 所示，与正常组相比，高脂组中肌肉抗氧化应激信号通路 Kelch 样环氧氯丙烷相关蛋白 1/核因子 E2 相关因子 2 - 抗氧化反应元件（Keap1/Nrf2 - ARE）被激活，抗氧化信号分子 Nrf2 转录水平显著下调，Keap1 明显上调，其下游调节酶基因血红素加氧酶 1（HMOX1）、NAD（P）H：醌氧化还原酶 1（NQO1）、铜锌超氧化物歧化酶（CuZnSOD）、锰超氧化物歧化酶（MnSOD）、过氧化氢酶（CAT）、谷胱甘肽过氧化物酶 1（GPx1）、谷胱甘肽过氧化物酶 2（GPx2）、谷胱甘肽过氧化物酶 3（GPx3）、谷胱甘肽过氧化物酶 4（GPx4）、谷胱甘肽过氧化物酶 7（GPx7）、谷胱甘肽 S - 转移酶 C - 末端结构域（GSTCD）、谷胱甘肽 S - 转移酶 ω1（GSTO1）、谷胱甘肽 S - 转移酶 P1（GSTP1）、谷胱甘肽还原酶（GSR）转录水平较正常组显著降低（$p<0.05$），而在高脂＋NAC 组中，我们发现抗氧化信号分子 Keap1 基因表达显著降低并且恢复至正常组水平，Nrf2 及其下游调节酶基因 HMOX1、NQO1、CuZnSOD、MnSOD、CAT、GPx1、GPx3、GPx4、GSTCD、GSTO1、GSR 表达则明显升高且部分基因表达量达到最高值（$p<0.05$），这说明增加了肌肉组织抗氧化防御能力，来抵抗高脂日粮诱导产生的中华鳖肌肉氧化应激反应。

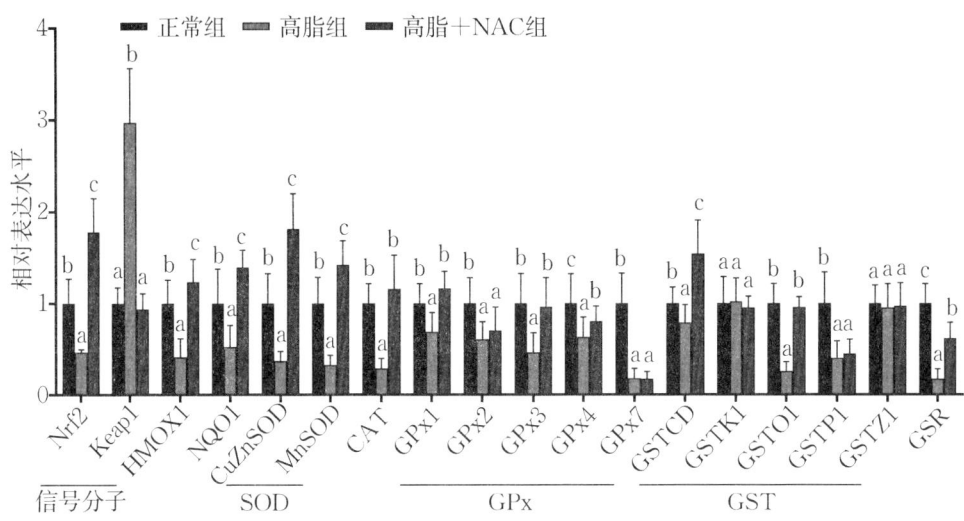

图 3-4　高脂日粮对中华鳖肌肉抗氧化信号通路 Keap1/Nrf2-ARE 相关基因表达的影响

注：（1）数据用平均值±标准误表示（$n=3$ 个重复组），每个重复取 3 只；（2）不同字母表示差异显著（$p<0.05$）；（3）Nrf2 表示核因子 E2 相关因子 2，Keap1 表示 Kelch 样环氧氯丙烷相关蛋白 1，HMOX1 表示血红素加氧酶 1，NQO1 表示 NAD（P）H：醌氧化还原酶 1，CuZnSOD 表示铜锌超氧化物歧化酶，MnSOD 表示锰超氧化物歧化酶，CAT 表示过氧化氢酶，GPx1 表示谷胱甘肽过氧化物酶 1，GPx2 表示谷胱甘肽过氧化物酶 2，GPx3 表示谷胱甘肽过氧化物酶 3，GPx4 表示谷胱甘肽过氧化物酶 4，GPx7 表示谷胱甘肽过氧化物酶 7，GSTCD 表示谷胱甘肽 S-转移酶 C-末端结构域，GSTK1 表示谷胱甘肽 S-转移酶 K1，GSTO1 表示谷胱甘肽 S-转移酶 ω1，GSTP1 表示谷胱甘肽 S-转移酶 P1，GSTZ1 表示谷胱甘肽 S-转移酶 Z1，GSR 表示谷胱甘肽还原酶。

二、高脂日粮条件下肌肉组织自噬水平的变化

我们采用实时荧光定量（qRT-PCR）、蛋白质免疫印迹（Western blot）、免疫荧光染色和透射电镜等技术分别检测肌肉组织中自噬水平，结果如图 3-5、图3-6 和图3-7 所示，与正常组相比，高脂组中肌肉自噬相关基因中 UNC-51 样自噬活化激酶 1（ULK1）、自噬相关基因 5（ATG5）、BECN1 基因（Beclin-1）、微管相关蛋白 1 轻链 3A（MAP1LC3A）、微管相关蛋白 1 轻链 3B（MAP1LC3B）、微管相关蛋白 1 轻链 3C（MAP1LC3C）、自噬相关基因 13（ATG13）的表达量显著增加，泛素结合蛋白（SQSTM1）表达量降低，自噬通路西罗莫司靶蛋白（mTOR）信号分子显著下调，腺苷酸活化蛋白激酶（AMPK）表达上调（$p<0.05$）；免疫荧光染色和 Western blot 检测发现自噬标志蛋白 LC3 表达明显增加；透射电子显微镜观察到高脂组中肌肉组织细胞自噬小体数量明显增多。而在高脂+NAC 组中，自噬相关基因 ULK1、MAP1LC3A、MAP1LC3B 的表达量较高脂组显著降低，SQSTM1 升高，信号分子 mTOR 表达水平显著升高，AMPK 下降；免疫荧光染色、Western blot 和透射电子显微镜结果显示 LC3 蛋白表达显著降低，自噬小体明显减少。

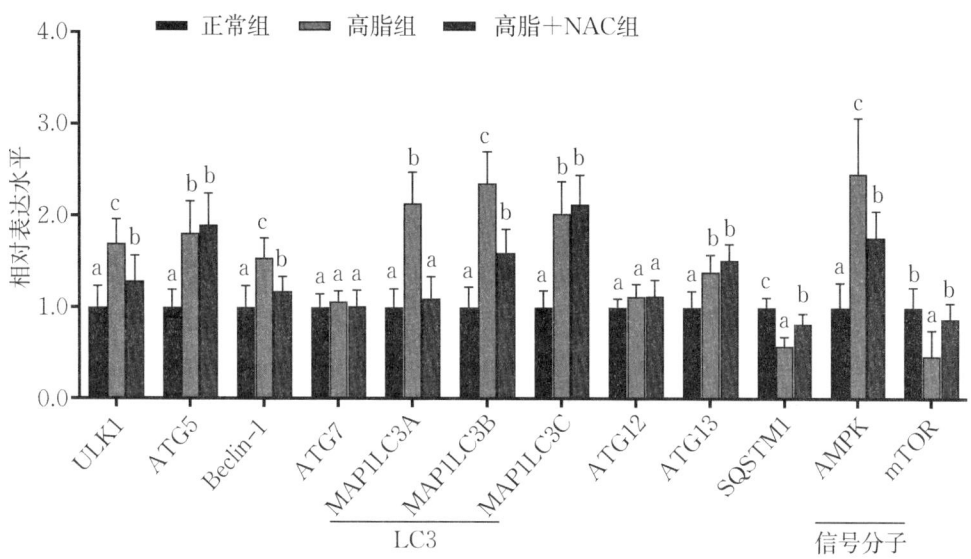

图 3-5　高脂日粮对中华鳖肌肉自噬相关基因表达的影响

注：（1）数据用平均值±标准误表示（$n=3$ 个重复组），每个重复取 3 只；（2）不同字母表示差异显著（$p<0.05$）；（3）ULK1 表示 UNC-51 样自噬活化激酶 1，ATG5 表示自噬相关基因 5，Beclin-1 表示 BECN1 基因，ATG7 表示自噬相关基因 7，MAP1LC3A 表示微管相关蛋白 1 轻链 3A，MAP1LC3B 表示微管相关蛋白 1 轻链 3B，MAP1LC3C 表示微管相关蛋白 1 轻链 3C，ATG12 表示自噬相关基因 12，ATG13 表示自噬相关基因 13，SQSTM1 表示泛素结合蛋白，AMPK 表示腺苷酸活化蛋白激酶，mTOR 表示西罗莫司靶蛋白。

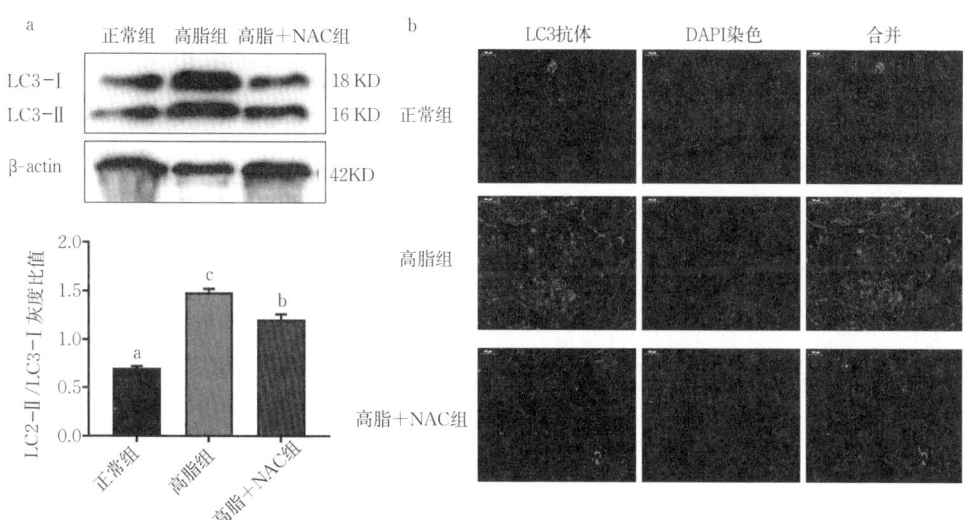

图 3-6　高脂胁迫下中华鳖肌肉自噬标志蛋白 LC3 Western blot 和免疫荧光染色分析

注：（a）为 Western blot 检测 LC3 蛋白水平；（b）为免疫荧光观察 LC3 的点状荧光聚集，DAPI 复染细胞核呈蓝色，免疫荧光标记的 LC3 呈红色。数据用平均值±标准误表示（$n=3$ 个重复组），每个重复取 3 只，不同字母表示差异显著（$p<0.05$）。

| 正常组 | 高脂组 | 高脂组＋NAC组 |

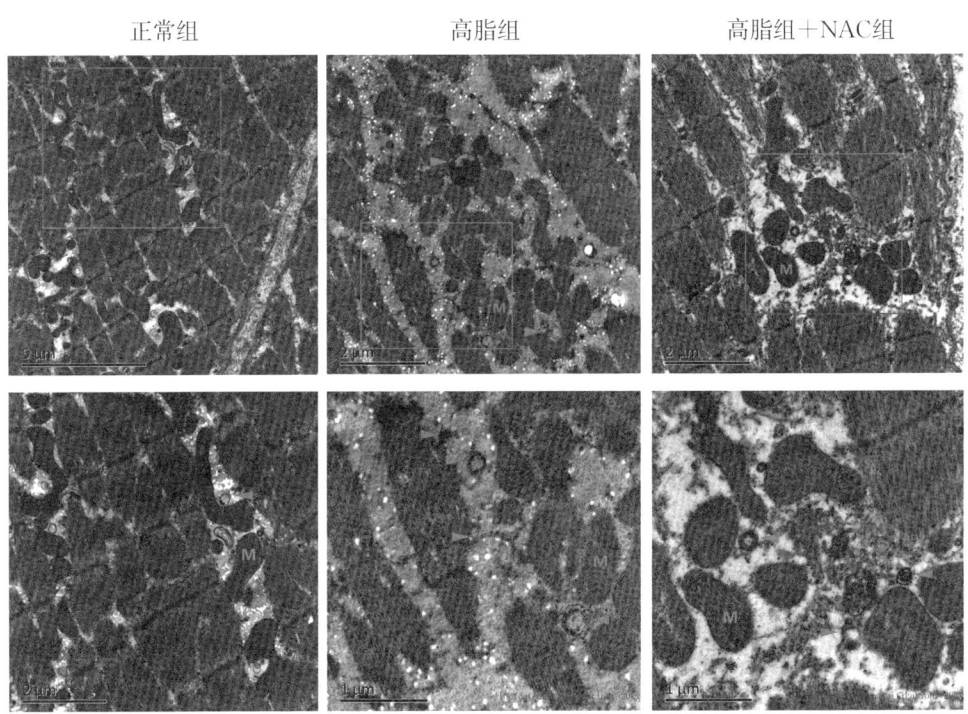

图 3-7　透射电镜观察高脂胁迫下中华鳖肌肉自噬小体情况

注：红色箭头表示自噬小体，M 为线粒体，刻度标尺为 1 微米。

高水平的 ROS 可与脂质和蛋白质相互作用，诱导氧化应激反应。在水产动物中，ROS 水平和 MDA、PC 含量分别被广泛用作监测氧化应激和氧化损伤的重要指标。结果表明，摄入高脂日粮能显著提高中华鳖肌肉中 ROS 和 MDA、PC 的含量，这一结果证明肌内氧化损伤加速。一般来说，抗氧化损伤的保护作用可能与提高活性氧自由基清除能力有关，因此，我们测定了超氧化物自由基的清除能力。结果表明，摄入高脂日粮能显著降低肌肉中抗氧化酶的活性，证明其清除超氧自由基的能力可能是由于肌肉的退化所致。高脂摄入对自由基清除能力的有害影响部分归因于机体酶抗氧化系统，如 SOD、CAT、GPx 等。本研究表明，摄入高脂日粮可引起中华鳖肌肉氧化应激，导致抗氧化酶系统 SOD、CAT、GPx、GST、GR 的降解以及 GSH 含量降低，从而破坏机体氧化-抗氧化平衡，对肌肉造成氧化损伤，影响其肌肉品质。当在高脂日粮中给予 NAC 干预后，体内抗氧化水平 SOD、CAT、GPx、GST 酶活性及 GSH 含量得到提高且部分恢复到正常组水平，并显著降低了 ROS 水平及 MDA、PC 含量，有效地减轻了中华鳖肌肉氧化应激水平。

在抗氧化酶及相关信号分子转录水平方面，摄入高脂日粮显著降低了中华鳖肌肉中 HMOX1、NQO1、CuZnSOD、MnSOD、CAT、GPx1、GPx2、GPx3、GPx4、GPx7、GSTCD、GSTO1、GSTP1、GSR 转录表达，与酶活性结果相一致，说明转录调控可能在高脂日粮诱导的中华鳖肌肉氧化应激中起着重要作用。Keap1/Nrf2 是维持过氧化物和抗氧化平衡的重要信号通路。已有研究证明 Nrf2 是一种关键的转录因子，通过与其下游抗氧化酶基因启动子区域的抗氧化反应元件结合，促进抗氧化酶基因（SOD、CAT、GPx、GST 等）转录表达。本文进一步研究了高脂日粮对中华鳖肌肉 Keap1/Nrf2 信号通路基因表达的影响。结果表明，肌肉中的信号分子 Keap1 表达明显上升，Nrf2 表达明显下降。Nrf2 基因的表达趋势与抗氧化酶基因的表达趋势相反，说明摄入高脂日粮所引起的抗氧化酶基因表达下降，可能是由于 Nrf2 基因转录下调所致。相反，促进 Nrf2 向细胞核的移位也对水产动物抗氧化酶基因表达的上升起着重要作用。Deng 等（2016）研究显示，Nrf2 表达上调可提高肌肉中 SOD、CAT、GPx 和 GST 基因的表达。Keap1 被鉴定为 Nrf2 结合蛋白，它阻止 Nrf2 向细胞核转移，并通过蛋白酶体促进 Nrf2 的降解。Keap1 表达下降导致 Nrf2 核移位，从而提高下游抗氧化基因表达。信号分子 Keap1 显著上升，提示摄入高脂日粮可通过上调肌肉中 Keap1 的表达，抑制 Nrf2 向细胞核的转运，降低抗氧化酶基因的表达。而在高脂日粮中添加抗氧化剂 NAC 干预后，Nrf2 显著上升，Keap1 下降并恢复至正常组水平，其下游抗氧化酶活性及基因表达（除 GPx2、GPx7、GSTK1、GSTP1、GSTZ1 基因外）和 GSH 含量显著提高，并大大降低了 ROS 水平和 MDA、PC 含量，有效减轻了肌肉氧化应激水平，这进一步佐证了上述结论。

越来越多的证据表明，氧化应激所产生的 ROS 是自噬的重要调节因子，能诱导自噬的产生，而细胞自噬能够缓解氧化应激对机体造成的伤害，从而起到保护细胞的作用。在自噬过程中，微管相关蛋白 1 轻链 3（MAP1LC3，又称 LC3）蛋白是主要的自噬标志物，因为它参与自噬体的形成。LC3 家族包括三个高度同源的成员：MAP1LC3A、MAP1LC3B 和 MAP1LC3C。ULK1 在启动自噬、接收细胞营养状态信号、向自噬体形成部位募集下游自噬相关蛋白并对其进行调控等方面发挥着重要作用。本研究表明，摄入高脂日粮能显著提高肌肉自噬相关基因 ULK1、ATG5、Beclin－1、MAP1LC3A、MAP1LC3B、MAP1LC3C、ATG13 的表达，并降低了 SQSTM1 表达，显示摄入高脂日粮可增强自噬的发生。此外，我们还可以通过 Western blot、免疫荧光染色和透射电镜发现高脂日粮诱导了肌肉细胞自噬的发生。mTOR 是细胞生长的中心调节因子，在调节细胞生长和自噬平衡的途径上起着关键作用。而 AMPK 作为一种自噬激活剂，它可以通过直接磷酸化和激活 ULK1 来促进自噬。据相关报道显示，在自噬体形成的早期，存在着广泛的分子相互作用。丝氨酸/苏氨酸激酶 ULK1 是自噬的一个关键启动子，其受到 mTOR 激酶的负调控。在本研究中，摄入高脂日粮显著提高了 AMPK 的表达，同时也抑制了 mTOR 的表达，这说明中华鳖肌肉自噬的发生可能受 AMPK-mTOR 信号途径的影响。而在高脂日粮中添加 NAC 干预后，自噬相关基因 ULK1、MAP1LC3A、MAP1LC3B 的表达量较高脂组显著降低，SQSTM1 升高，mTOR 表达水平升高，AMPK 下降；免疫荧光染色、Western blot 和透射电子显微镜结果显示自噬有所减少，这一结果验证了 ROS 诱导的自噬产生，对于机体内稳态有重要的保护效应。

第四章　饥饿和恢复摄食对中华鳖肌肉品质的影响

在自然环境中，对多数水产动物来说，因季节更替、环境剧变或食物分布不均匀等原因，经常会面临食物短缺和匮乏而遭受到不同程度的饥饿或营养不足的胁迫，导致自身储备的能量枯竭以及生长速率减慢。当水产动物遭受营养变化饥饿胁迫时，动物机体不断消耗储备的能量，内环境改变，机体许多生理生化指标以及相关蛋白都会发生变化。饥饿时内分泌系统紊乱，消化能力下降，免疫功能降低，血液的生理生化指标发生变化，动物体内糖类、脂肪、蛋白质等都会大量消耗用于供能。有研究表明，饥饿会对水产动物的肌肉品质产生一定影响，饥饿能诱导脂肪代谢，一些养殖类水产品在上市前通过饥饿处理来刺激脂肪分解代谢以提高其肉品质。研究发现，饥饿过程中会造成体质量下降从而提高肉质新鲜度。饥饿后肌细胞大小、数量以及肌纤维超微结构均有所改变。正常的肌纤维分布在一定范围内，细胞排列紧密，肌原纤维、肌浆网排列整齐有序，线粒体、细胞核结构完整。饥饿还可能造成肌肉厚度下降、肌纤维变细、结缔组织崩溃疏松等影响。饥饿对水产动物肌肉品质影响的研究越来越受到关注。

本章节旨在分析饥饿和恢复摄食对中华鳖肌肉品质的影响，揭示营养缺乏条件下中华鳖肌肉品质的变化规律，为生产实践中提高肉品质提供理论基础。

第一节　饥饿和恢复摄食对中华鳖生长性能的影响

实验动物来自湖南省水产科学研究所，共 270 只鲜活健康、大小规格一致的中华鳖幼鳖，初始体重为（65.70 ± 1.54）克。我们将中华鳖随机分为饥饿 0 天（S0，正常组）、饥饿 3 天（S3）、饥饿 7 天（S7）、饥饿 10 天（S10）、饥饿 15 天（S15）和饥饿 15 天后恢复正常摄食 7 天（R7）六个组，每组设置 3 个重复，每个重复 15 只鳖。实验开始前，中华鳖在室内养殖池中暂养两周，以基础饲料喂养，待其适应环境后，再进行正式实验。最佳水温保持在 28 ℃～30 ℃，溶氧量为 3～5 毫克/升或以上，实验在自然光循环下进行。

通过测定饥饿和恢复摄食条件下中华鳖生长性能相关指标（表 4-1），结果显示，不同饥饿阶段对中华鳖的存活率无显著性影响（$p > 0.05$），饥饿 7～15 天后中华鳖终末体重、脏体指数和肝体指数呈显著下降趋势（$p < 0.05$），当恢复

摄食后，中华鳖生长性能逐渐恢复到正常摄食水平（$p < 0.05$）。

表 4-1　　　　　　饥饿和恢复摄食对中华鳖生长性能的影响

项目	S0	S3	S7	S10	S15	R7
初始体重/克	65.70±1.54	65.30±2.01	68.50±1.83	66.28±1.45	66.10±1.93	65.85±2.11
终末体重/克	65.70±1.54^c	64.08±2.44^c	57.50±1.71^b	53.17±1.62^{ab}	49.17±1.47^a	62.83±2.02^c
脏体指数/%	9.77±0.26^c	9.49±0.30^c	8.45±0.35^b	8.05±0.33^{ab}	7.59±0.31^a	9.42±0.24^c
肝体指数/%	2.68±0.28^c	2.72±0.21^c	1.88±0.13^{ab}	1.82±0.26^{ab}	1.32±0.15^a	2.43±0.19^{bc}
存活率/%	100	100	100	100	100	100

注：数据用平均值±标准误表示（$n=3$ 个重复组），每个重复取所有样测量。同行不同字母表示差异显著（$p < 0.05$）。

第二节　饥饿和恢复摄食对中华鳖肌肉组织特征的影响

一、饥饿和恢复摄食对中华鳖肌肉营养成分的影响

我们测定中华鳖肌肉的基本营养成分（表 4-2）、氨基酸含量（表 4-3）和脂肪酸含量（表 4-4），结果显示：随着饥饿时间的延长，肌肉中蛋白质和脂肪含量呈显著下降趋势（$p < 0.05$），水分、灰分呈波动上升趋势，这说明饥饿胁迫下中华鳖动用肌肉中蛋白质和脂肪能量物质来为机体供能，以维持体内稳态平衡。此外，肌肉中氨基酸总量、必需氨基酸及非必需氨基酸含量呈先降低后升高的趋势，而鲜味氨基酸天冬氨酸和谷氨酸含量呈先下降后升高的趋势，甘味氨基酸丙氨酸呈先升高后降低的趋势，甘氨酸表现为逐渐下降趋势。同时，我们还发现不同饥饿胁迫下肌肉脂肪酸含量存在显著差异，其中饱和脂肪酸含量随着饥饿时间的延长呈现出先升高后降低再升高的趋势，单不饱和脂肪酸含量呈先升高后恢复趋势，多不饱和脂肪酸含量则表现为先降低后升高的趋势。当恢复摄食后，肌肉中蛋白质和脂肪含量明显增加，且蛋白质含量恢复到正常摄食水平；其对肌肉氨基酸总量无显著性影响，而饱和脂肪酸含量则恢复到正常摄食水平。

表 4-2　　　　饥饿和恢复摄食对中华鳖肌肉基本营养成分的影响（%）

营养成分	S0	S3	S7	S10	S15	R7
水分	77.81±1.13^{ab}	78.57±1.38^b	82.32±1.17^c	87.94±1.26^c	88.52±1.69^c	73.96±1.25^a
蛋白质	18.59±1.06^c	18.76±1.07^c	16.81±0.93^{bc}	14.73±1.03^a	13.05±1.04^a	16.64±1.08^{bc}
脂肪	1.07±0.35^d	0.95±0.28^d	0.80±0.21^c	0.54±0.26^b	0.23±0.10^a	0.67±0.15^{bc}
灰分	0.88±0.09^b	0.89±0.07^b	0.74±0.10^a	0.96±0.11^{bc}	1.03±0.09^c	0.91±0.12^{bc}

注：数据用平均值±标准误表示（$n=3$ 个重复组），每个重复取 3 只。同行不同字母表示差异显著（$p < 0.05$）。

表 4－3　饥饿和恢复摄食对中华鳖肌肉氨基酸含量的影响（％）

氨基酸名称	S0	S3	S7	S10	S15	R7
天冬氨酸♯	1.86 ± 0.10^{c}	1.78 ± 0.11^{bc}	1.68 ± 0.09^{b}	1.33 ± 0.09^{a}	1.92 ± 0.12^{c}	1.81 ± 0.13^{c}
苏氨酸*	0.96 ± 0.05^{c}	0.81 ± 0.10^{b}	0.70 ± 0.02^{ab}	0.58 ± 0.03^{a}	0.91 ± 0.03^{c}	0.95 ± 0.05^{c}
丝氨酸	0.59 ± 0.03^{a}	0.81 ± 0.06^{b}	0.62 ± 0.03^{a}	0.50 ± 0.01^{a}	0.95 ± 0.10^{c}	0.96 ± 0.09^{c}
谷氨酸♯	2.49 ± 0.13^{b}	2.38 ± 0.11^{b}	2.61 ± 0.07^{b}	1.98 ± 0.07^{a}	3.38 ± 0.09^{c}	3.46 ± 0.08^{c}
甘氨酸♯	0.87 ± 0.03^{bc}	0.92 ± 0.05^{c}	0.84 ± 0.02^{b}	0.71 ± 0.02^{a}	0.70 ± 0.02^{a}	0.84 ± 0.03^{b}
丙氨酸♯	0.90 ± 0.04^{ab}	0.97 ± 0.03^{b}	1.19 ± 0.05^{c}	1.36 ± 0.06^{d}	0.98 ± 0.05^{b}	0.83 ± 0.02^{a}
胱氨酸	0.03 ± 0.00	0.03 ± 0.01	0.01 ± 0.00	0.02 ± 0.00	0.03 ± 0.01	0.02 ± 0.01
缬氨酸*	0.87 ± 0.02^{b}	0.85 ± 0.03^{b}	0.59 ± 0.02^{a}	0.62 ± 0.02^{a}	1.63 ± 0.06^{c}	1.91 ± 0.13^{d}
蛋氨酸*	0.46 ± 0.05^{ab}	0.56 ± 0.06^{b}	0.50 ± 0.06^{ab}	0.36 ± 0.04^{a}	0.84 ± 0.09^{c}	0.56 ± 0.06^{b}
异亮氨酸*	0.90 ± 0.02^{d}	0.87 ± 0.01^{cd}	0.80 ± 0.03^{c}	0.66 ± 0.01^{b}	0.57 ± 0.01^{a}	0.86 ± 0.04^{cd}
亮氨酸*	1.63 ± 0.10^{c}	1.64 ± 0.12^{c}	1.43 ± 0.09^{b}	1.27 ± 0.03^{a}	1.65 ± 0.07^{c}	1.62 ± 0.05^{c}
酪氨酸	0.62 ± 0.01^{b}	0.64 ± 0.05^{b}	0.60 ± 0.03^{b}	0.48 ± 0.01^{a}	0.65 ± 0.02^{b}	0.58 ± 0.02^{ab}
苯丙氨酸*	0.76 ± 0.03^{bc}	0.82 ± 0.06^{c}	0.70 ± 0.05^{ab}	0.56 ± 0.03^{a}	0.82 ± 0.06^{c}	0.67 ± 0.06^{a}
组氨酸	0.68 ± 0.06^{b}	0.67 ± 0.05^{b}	0.58 ± 0.02^{a}	0.55 ± 0.03^{a}	0.56 ± 0.02^{a}	0.47 ± 0.02^{a}
赖氨酸*	1.63 ± 0.08^{c}	1.68 ± 0.09^{c}	1.54 ± 0.10^{b}	1.26 ± 0.06^{a}	1.78 ± 0.09^{c}	1.46 ± 0.07^{ab}
精氨酸	1.06 ± 0.02^{b}	1.12 ± 0.03^{c}	1.05 ± 0.01^{b}	0.84 ± 0.01^{a}	1.15 ± 0.02^{c}	1.04 ± 0.01^{b}
脯氨酸	0.81 ± 0.01^{b}	0.69 ± 0.01^{ab}	0.64 ± 0.01^{ab}	0.67 ± 0.01^{ab}	0.77 ± 0.01^{b}	0.60 ± 0.01^{a}
TAA	17.12 ± 0.83^{c}	17.24 ± 0.66^{c}	16.08 ± 0.71^{bc}	13.75 ± 0.40^{a}	19.29 ± 0.68^{d}	18.64 ± 0.95^{cd}
TEAA/TAA/％	42.11 ± 0.45^{b}	41.94 ± 0.33^{b}	38.93 ± 0.20^{a}	38.62 ± 0.36^{a}	42.51 ± 0.47^{b}	43.08 ± 0.21^{b}
TEAA/TNEAA/％	72.75 ± 0.38^{b}	72.23 ± 0.35^{b}	63.75 ± 0.40^{a}	62.91 ± 0.46^{a}	73.94 ± 0.43^{b}	75.68 ± 0.51^{b}
TDAA/TAA/％	35.75 ± 0.64^{a}	35.09 ± 0.58^{a}	39.30 ± 0.50^{b}	39.13 ± 0.39^{b}	36.18 ± 0.71^{a}	37.23 ± 0.79^{ab}

注：样品以鲜重测定；TAA 为氨基酸总量；TEAA 为必需氨基酸总量；TNEAA 为非必需氨基酸总量；TDAA 为呈味氨基酸总量；* 为必需氨基酸，♯ 为呈味氨基酸。数据用平均值±标准误表示（$n=3$ 个重复组），每个重复取 3 只。同行不同字母表示差异显著（$p<0.05$）。

表 4-4　　　　　　　　　饥饿和恢复摄食对中华鳖肌肉脂肪酸的含量（%）

脂肪酸名称	S0	S3	S7	S10	S15	R7
癸酸	0.60 ± 0.04^a	0.61 ± 0.02^a	0.77 ± 0.04^a	0.50 ± 0.01^a	0.60 ± 0.02^a	0.52 ± 0.02^a
豆蔻酸	0.53 ± 0.01^a	0.57 ± 0.02^a	0.72 ± 0.06^{ab}	0.75 ± 0.05^b	0.91 ± 0.03^c	0.73 ± 0.02^{ab}
棕榈酸	12.35 ± 0.08^a	13.16 ± 0.05^{ab}	14.08 ± 0.05^b	11.03 ± 0.02^a	13.79 ± 0.03^{ab}	14.37 ± 0.06^b
硬脂酸	7.39 ± 0.11^a	7.75 ± 0.08^{ab}	9.76 ± 0.11^b	7.18 ± 0.03^a	9.26 ± 0.09^b	6.74 ± 0.05^a
∑SFA	20.87 ± 0.13^a	22.09 ± 0.11^a	25.34 ± 0.08^b	19.46 ± 0.10^a	24.56 ± 0.11^b	22.36 ± 0.06^a
棕榈烯酸	0.85 ± 0.02^a	0.90 ± 0.01^a	1.15 ± 0.02^b	1.02 ± 0.02^a	1.11 ± 0.03^{ab}	1.03 ± 0.01^a
油酸	8.36 ± 0.06	8.17 ± 0.07	9.56 ± 0.02	8.76 ± 0.02	8.80 ± 0.03	8.26 ± 0.05
二十碳烯酸	0.57 ± 0.01	0.55 ± 0.01	0.60 ± 0.03	0.52 ± 0.01	0.55 ± 0.02	0.51 ± 0.01
芥酸	7.95 ± 0.06^a	8.02 ± 0.08^a	9.28 ± 0.09^b	8.85 ± 0.05^{ab}	9.29 ± 0.02^b	8.36 ± 0.02^a
二十四碳烯	0.55 ± 0.01	0.60 ± 0.01	0.67 ± 0.01	0.65 ± 0.01	0.58 ± 0.01	0.59 ± 0.01
∑MUFA	18.28 ± 0.06^a	18.24 ± 0.03^a	21.26 ± 0.08^b	19.80 ± 0.06^{ab}	20.33 ± 0.03^{ab}	18.75 ± 0.05^{ab}
亚油酸	14.95 ± 0.11^c	14.06 ± 0.08^{bc}	9.38 ± 0.08^a	8.12 ± 0.06^a	13.70 ± 0.10^b	15.58 ± 0.08^c
α-亚麻酸	1.18 ± 0.06^c	1.09 ± 0.06^c	0.72 ± 0.02^a	0.60 ± 0.02^a	0.95 ± 0.03^b	1.06 ± 0.05^b
γ-亚麻酸	0.65 ± 0.01^{ab}	0.62 ± 0.01^{ab}	0.50 ± 0.02^a	0.45 ± 0.00^a	0.66 ± 0.02^{ab}	0.70 ± 0.02^b
顺-11，14，17-二十碳三烯酸	0.35 ± 0.01	0.33 ± 0.00	0.33 ± 0.01	0.31 ± 0.01	0.35 ± 0.03	0.35 ± 0.01
花生四烯酸	9.11 ± 0.05^b	9.07 ± 0.10^b	7.68 ± 0.08^a	6.65 ± 0.09^a	8.35 ± 0.06^b	9.30 ± 0.11^b
二十碳五烯酸	12.95 ± 0.13	13.09 ± 0.11	13.04 ± 0.09	13.28 ± 0.09	12.99 ± 0.11	14.15 ± 0.13
二十二碳六烯酸	21.66 ± 0.10	21.42 ± 0.12	21.75 ± 0.15	22.81 ± 0.07	22.67 ± 0.11	23.04 ± 0.12
∑PUFA	60.85 ± 0.22^b	59.68 ± 0.26^b	53.40 ± 0.18^a	52.22 ± 0.13^a	59.68 ± 0.20^b	64.18 ± 0.25^b

注：∑SFA 为饱和脂肪酸总量；∑MUFA 为单不饱和脂肪酸总量；∑PUFA 为多不饱和脂肪酸总量。数据用平均值±标准误表示（$n=3$ 个重复组），每个重复取 3 只。同行不同字母表示差异显著（$p<0.05$）。

二、饥饿和恢复摄食对中华鳖肌肉质构特性的影响

饥饿和恢复摄食条件下中华鳖肌肉质构特性变化情况如图 4-1 所示。与正常摄食组相比，饥饿组中肌肉的硬度、内聚性、弹性和咀嚼性表现出显著性差异。随着饥饿时间的增加，肌肉硬度、咀嚼性呈逐渐下降趋势，内聚性呈现升高趋势，弹性则表现为先升高后降低趋势；与饥饿 15 天相比，恢复摄食 7 天后显著提高了肌肉的硬度和咀嚼性，但未能达到正常摄食水平（$p<0.05$）。

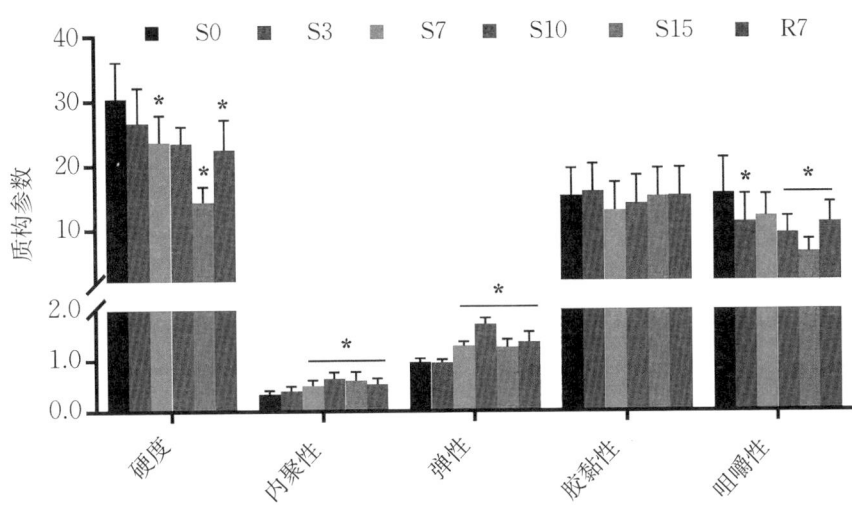

图 4-1 饥饿和恢复摄食对中华鳖肌肉质构特性的影响

注：数据用平均值±标准误表示（$n=3$ 个重复组），每个重复取 3 只中华鳖。* 表示与正常摄食组差异显著（$p<0.05$）。

三、饥饿和恢复摄食对中华鳖肌肉组织结构的影响

图 4-2 显示了饥饿和恢复摄食条件下中华鳖肌肉组织结构的变化情况。与正常摄食组相比，饥饿 7～15 天后可见肌纤维间隔明显增宽，肌纤维萎缩，肌细胞间质、血管周围可见胶原纤维堆积；而在恢复摄食组中肌肉组织结构有所恢复，细胞间质肿胀明显减轻，肌纤维排列相对规则。

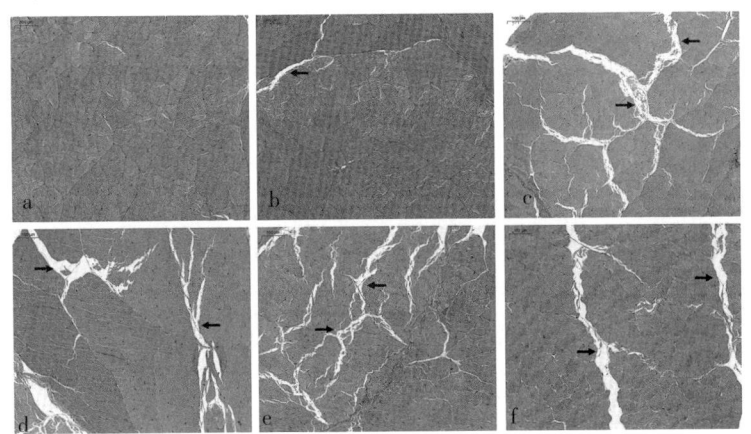

图 4-2 饥饿和恢复摄食对中华鳖肌纤维组织结构的影响

注：（a）正常组，（b）饥饿 3 天组，（c）饥饿 7 天组，（d）饥饿 10 天组，（e）饥饿 15 天组，（f）饥饿 15 天后恢复摄食 7 天组，HE 染色光学显微镜下可见饥饿过程中肌纤维变化情况。

本研究结果显示，饥饿或营养缺乏时，随着饥饿时间的延长，肌肉中蛋白质和脂肪含量呈降低趋势，脂肪含量先呈现下降趋势，水分、灰分呈波动上升趋势，表明中华鳖在饥饿过程中可能是由于机体内的脂肪和蛋白质被逐渐地消耗，先动用体内脂肪来供应能量，再动用蛋白质供能。在饥饿条件下，体内一部分氨基酸转化为葡萄糖的形式用于供能，一部分则作为功能性成分被自身所储存。本研究中，饥饿胁迫下肌肉氨基酸总量、必需氨基酸及非必需氨基酸含量呈先降低后升高趋势，鲜味氨基酸天冬氨酸和谷氨酸含量呈先下降后升高趋势，甘味氨基酸丙氨酸呈先升高后降低趋势，甘氨酸表现为逐渐下降趋势；饥饿过程造成了体质量下降而鲜味氨基酸含量升高，虽然对于食用口感有一定提升，但造成了产量下降所带来的经济损失。此外，随着饥饿时间的延长，饱和脂肪酸含量呈现出先升高后降低再升高趋势，多不饱和脂肪酸含量表现为先降低后升高，这表明饥饿过程中有利于不饱和脂肪酸的合成和促进。当恢复摄食后，肌肉中蛋白质和脂肪含量明显增加，蛋白质含量恢复到正常摄食水平，肌肉氨基酸含量无显著性影响，饱和脂肪酸含量下降并恢复到正常摄食水平，这一结果证明当营养得到供应时，机体内各项营养指标逐渐得到恢复，存在一定效应的补偿生长机制。质构参数常被作为肉质口感评价指标，如肌肉硬度、内聚性、弹性、咀嚼性、胶黏性参数等。随饥饿时间持续增加中华鳖肌肉硬度、内聚性、弹性和咀嚼性表现出显著性差异，肌肉硬度、咀嚼性呈逐渐下降趋势，而内聚性呈现升高趋势；饥饿7～15天后可见肌纤维间隔明显增宽，肌纤维萎缩，肌细胞间质、血管周围可见胶原纤维堆积，对感官性能造成一定影响。本研究结果显示内聚性参数变化与鲫鱼（贺诗水等，2016）、异育银鲫（李海燕等，2014）结果相似，硬度参数的变化趋势与马玲巧等（2014）对斑点叉尾鲴的研究中有相似结果。此外，有研究报道认为成熟的胶原蛋白中羟赖氨酰吡啶啉的含量是影响大西洋鲑肌肉硬度的关键因素，肌肉 pH 值，肌纤维类型、数量和肌间刺数量等指标也是影响肌肉硬度的原因。当恢复摄食7天后，肌肉中的硬度和咀嚼性明显提高，但未达到正常摄食水平，肌肉组织结构也有所恢复。

饥饿条件下中华鳖肌肉品质发生明显变化，饥饿7～15天后，肌肉营养成分、肌纤维及质构特性等指标均受到不同程度影响。当恢复摄食7天后肌肉水分、蛋白质、灰分、饱和脂肪酸含量恢复到正常摄食水平，肌纤维组织结构及肌肉硬度、咀嚼性有所恢复，但未能达到正常摄食水平。饥饿7～15天，可作为中华鳖对其进行肉质改良的补偿生长时间节点。

第五章　饥饿胁迫下中华鳖肌肉氧化-自噬、营养代谢对肉质调控及其适应性机制

饥饿胁迫是动物生长过程中经常面临的问题之一。研究表明，饥饿会损害抗氧化能力并导致机体产生氧化应激反应。ROS 的积累或抗氧化剂的缺乏会导致氧化-抗氧化系统失衡，造成氧化应激损伤，这些损伤包括脂质过氧化、蛋白质变性、DNA 损伤等形式。同时，生物体通过提高体内抗氧化酶活性和激活溶酶体酶降解来激活防御反应，防止进一步的氧化损伤。Nrf2 是一种重要的转录因子，它与抗氧化反应元件结合，诱导 SOD、CAT 和 GPx 等抗氧化酶基因转录。Keap1 被鉴定为 Nrf2 结合蛋白，抑制 Nrf2 向细胞核转运。ROS 还可通过多种机制诱导自噬激活。当自噬发生时，细胞在自噬相关基因的调控下，通过单层或双层膜将降解的细胞器包裹在囊泡自噬体中，由溶酶体中的水解酶降解，实现细胞代谢和能量更新，这一过程对维持细胞稳态至关重要。

肌肉参与了机体许多完整的过程，不仅作为体内主要的蛋白质储存库，还是一种代谢活跃和适应代谢高度可塑性组织，在机体能量代谢中起着重要作用。BCAA 包括 Leu、Ile 和 Val 三种必需氨基酸，它是代谢和代谢健康的重要调节剂。研究表明，KLF15 是 BCAA 代谢中的关键转录调节因子。KLF15 - BCAA 信号通路是肌肉中的一个关键调节轴，其失衡会对机体代谢内稳态产生较大影响。BCAA 不能在动物体内自行合成，它必须要从食物中获得。体内绝大多数氨基酸代谢在肝脏内进行，而 BCAA 是唯一一类在肌肉内发生高程度代谢的氨基酸。

因此，本章节旨在分析饥饿胁迫下中华鳖肌肉氧化-自噬、营养代谢对肉质调控及其适应性机制，为揭示营养缺乏条件下中华鳖肌肉品质的潜在调控途径以及内稳态变化的适应性机制。

第一节　饥饿对中华鳖血清、肌肉生化指标、氧化应激和自噬水平的影响

一、饥饿对中华鳖血清和肌肉生化指标的影响

采用酶标仪及生化分析仪对中华鳖血清和肌肉中总蛋白、葡萄糖、甘油三

酯、总胆固醇、谷丙转氨酶、谷草转氨酶进行测定，结果如表 5 - 1 和 5 - 2 所示。与正常摄食组相比，饥饿组中血清和肌肉中的谷丙转氨酶、谷草转氨酶含量显著升高，而总蛋白、葡萄糖、甘油三酯、总胆固醇含量显著降低（$p < 0.05$）；恢复摄食后，我们发现血清和肌肉中谷丙转氨酶、谷草转氨酶含量明显下降，总蛋白、葡萄糖、甘油三酯、总胆固醇显著升高（$p < 0.05$）。

表 5 - 1　　　　　　　　　饥饿对中华鳖血清生化指标的影响

项目	S0	S3	S7	S10	S15	R7
总蛋白/ （克/升）	25.17± 1.22[d]	26.21± 1.04[d]	15.51± 1.01[b]	19.78± 1.75[c]	10.20± 0.79[a]	21.65± 1.03[c]
葡萄糖/ （毫摩尔/升）	11.50± 1.04[c]	9.18± 0.83[b]	5.63± 0.51[a]	9.78± 0.75[b]	5.89± 0.45[a]	15.10± 1.16[d]
甘油三酯/ （毫摩尔/升）	1.32± 0.08[d]	1.27± 0.07[d]	1.22± 0.07[cd]	0.73± 0.05[b]	0.38± 0.04[a]	1.12± 0.07[c]
总胆固醇/ （毫摩尔/升）	6.38± 0.58[d]	6.45± 0.55[d]	4.30± 0.36[c]	2.86± 0.24[b]	1.91± 0.16[a]	4.01± 0.56[c]
谷丙转氨酶/ （酶活力单位/升）	7.38± 0.64[a]	13.12± 1.35[c]	11.49± 1.30[b]	31.90± 1.85[d]	37.97± 1.91[e]	7.58± 0.70[a]
谷草转氨酶/ （酶活力单位/升）	145.64± 6.61[a]	173.84± 7.53[ab]	145.40± 6.60[a]	258.27± 7.72[c]	307.34± 9.95[d]	202.84± 8.11[b]

注：数据用平均值±标准误表示（$n = 3$ 个重复组），每个重复取 3 只。同行不同字母表示差异显著（$p < 0.05$）。

表 5 - 2　　　　　　　　　饥饿对中华鳖肌肉生化指标的影响

项目	S0	S3	S7	S10	S15	R7
总蛋白/ （克/升）	36.35± 1.20[c]	36.17± 1.19[c]	31.18± 1.03[ab]	34.04± 1.12[bc]	29.40± 0.97[a]	35.57± 1.17[c]
葡萄糖/ （毫摩尔/克蛋白）	1.78± 0.08[b]	1.83± 0.09[bc]	2.07± 0.10[b]	1.77± 0.08[b]	1.42± 0.07[a]	1.96± 0.12[bc]
甘油三酯/ （毫摩尔/克蛋白）	0.18± 0.01[c]	0.19± 0.01[c]	0.15± 0.00[b]	0.14± 0.01[ab]	0.11± 0.02[a]	0.16± 0.00[bc]
总胆固醇/ （毫摩尔/克蛋白）	0.25± 0.02[b]	0.27± 0.02[b]	0.26± 0.01[b]	0.20± 0.01[a]	0.19± 0.01[a]	0.20± 0.02[a]
谷丙转氨酶/ （酶活力单位/升）	1.58± 0.05[a]	2.11± 0.13[b]	6.72± 0.29[e]	5.17± 0.35[c]	6.28± 0.29[d]	1.84± 0.07[ab]

续表

项目	S0	S3	S7	S10	S15	R7
谷草转氨酶/ (酶活力单位/升)	51.65± 1.17[a]	43.66± 1.34[a]	75.69± 2.05[b]	73.85± 1.99[b]	102.70± 2.09[c]	64.79± 1.71[b]

注：同表 5-1。

二、饥饿对中华鳖氧化应激和自噬水平的影响

我们对中华鳖肌肉中抗氧化酶活性、ROS 水平以及氧化损伤指标 MDA、PC 含量的测定与分析，结果如图 5-1 和 5-2 所示。饥饿过程中肌肉抗氧化酶 SOD、CAT、GPx、GST、GR 活性和 GSH 含量呈先上升后下降趋势，而氧化应激 ROS 水平则呈现出先降低后升高再降低再升高的变化趋势，肌肉氧化损伤指标 MDA、PC 含量表现为逐渐升高趋势，这说明在饥饿胁迫下中华鳖肌肉内发生了不同程度的氧化应激与损伤。此外，与饥饿相比，当中华鳖恢复摄食后，肌肉抗氧化酶 SOD、GPx、GST 活性及 GSH 含量得到显著提高（$p<0.05$），并且恢复到正常摄食水平；而 ROS 水平和 MDA、PC 含量则明显有所降低（$p<0.05$），说明中华鳖恢复摄食后，能够有效减轻饥饿诱导的肌肉氧化应激水平，肌肉损伤得到适应性修复。

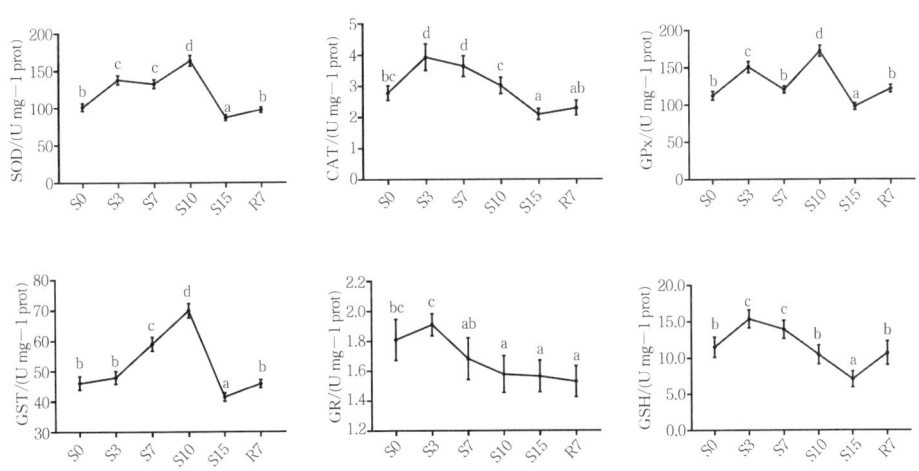

图 5-1　饥饿对中华鳖肌肉抗氧化酶活性的影响

注：(1) 数据用平均值±标准误表示（$n=3$ 个重复组），每个重复取 3 只；(2) 不同字母表示差异显著（$p<0.05$）；(3) U mg^{-1} prot 表示酶活力单位/毫克蛋白，mg g^{-1} prot 表示毫克/克蛋白；(4) SOD 表示超氧化物歧化酶，CAT 表示过氧化氢酶，GPx 表示谷胱甘肽过氧化物酶，GST 表示谷胱甘肽 S-转移酶，GR 表示谷胱甘肽还原酶，GSH 表示还原型谷胱甘肽。

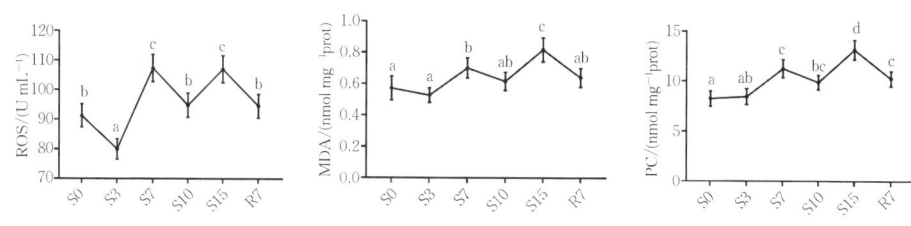

图 5-2　饥饿对中华鳖肌肉 ROS 水平及氧化损伤的影响

注：（1）数据用平均值±标准误表示（$n=3$ 个重复组），每个重复取 3 只；（2）不同字母表示差异显著（$p<0.05$）；（3）U mL^{-1} 表示酶活力单位/毫升，mmol mg^{-1} prot 表示毫摩尔/毫克蛋白；（4）ROS 表示活性氧，MDA 表示丙二醛，PC 表示蛋白质羰基。

如图 5-3 所示，饥饿过程中肌肉抗氧化信号分子 Nrf2 及其下游抗氧化酶基因转录水平表现为先升高后降低再升高再降低的变化趋势，Keap1 呈现先升高后下降再升高趋势。与正常摄食相比，饥饿 3 天后，Nrf2 及抗氧化酶分子 HMOX1、NQO1、CuZnSOD、MnSOD、GPx1、GSTO1、GSR 表达强度明显升高，饥饿 7 天后 Nrf2 及抗氧化酶基因表达强度有所降低，Keap1 指标显著升高，饥饿 10 天后，Nrf2 及抗氧化酶基因表达强度再一次呈现升高趋势，Keap1

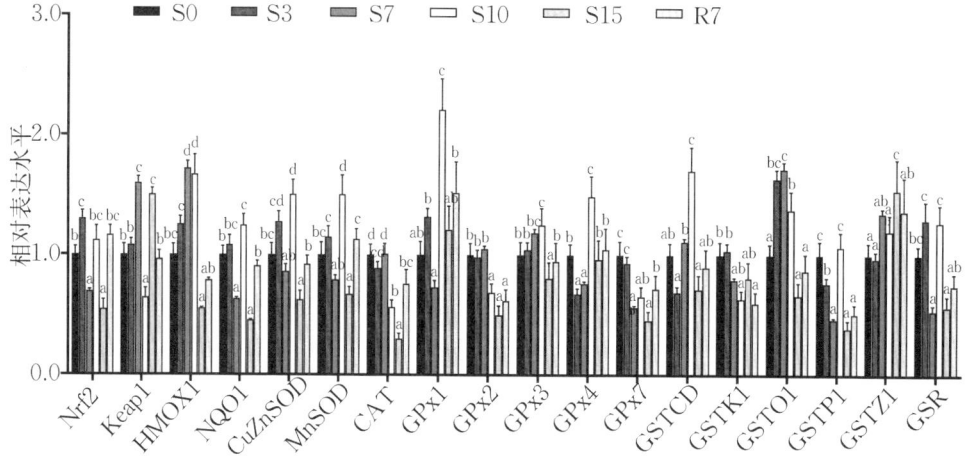

图 5-3　饥饿对中华鳖肌肉抗氧化信号通路 Keap1/Nrf2-ARE 相关基因表达的影响

注：（1）数据用平均值±标准误表示（$n=3$ 个重复组），每个重复取 3 只；（2）不同字母表示差异显著（$p<0.05$）；（3）Nrf2 表示核因子 E2 相关因子 2，Keap1 表示 Kelch 样环氧氯丙烷相关蛋白 1，HMOX1 表示血红素加氧酶 1，NQO1 表示 NAD（P）H：醌氧化还原酶 1，CuZnSOD 表示铜锌超氧化物歧化酶，MnSOD 表示锰超氧化物歧化酶，CAT 表示过氧化氢酶，GPx1 表示谷胱甘肽过氧化物酶 1，GPx2 表示谷胱甘肽过氧化物酶 2，GPx3 表示谷胱甘肽过氧化物酶 3，GPx4 表示谷胱甘肽过氧化物酶 4，GPx7 表示谷胱甘肽过氧化物酶 7，GSTCD 表示谷胱甘肽 S-转移酶 C-末端结构域，GSTK1 表示谷胱甘肽 S-转移酶 K1，GSTO1 表示谷胱甘肽 S-转移酶 ω1，GSTP1 表示谷胱甘肽 S-转移酶 P1，GSTZ1 表示谷胱甘肽 S-转移酶 Z1，GSR 表示谷胱甘肽还原酶。

下降，当饥饿 15 天后，Nrf2 及抗氧化酶基因表达强度则明显降低，Keap1 指标升高（$p<0.05$）；而在恢复摄食后，Keap1 指标显著下降，Nrf2 及抗氧化酶基因 HMOX1、NQO1、CuZnSOD、MnSOD、CAT、GPx1、GPx3、GPx7、GSTCD、GSR 表达强度明显回升且部分恢复到正常摄食水平（$p<0.05$），增加了肌肉组织抗氧化防御能力，以抵抗饥饿胁迫引起的氧化应激反应。

如图 5-4、5-5 和 5-6 所示，与正常摄食相比，饥饿过程中肌肉自噬相关基因表达呈现出先升高后降低再升高变化趋势，自噬通路 mTOR 信号分子则表现为先降低后升高再降低趋势。具体表现为饥饿 3 天后，自噬相关基因 ULK1、ATG12 表达开始升高，饥饿 7 天后，ULK1、ATG5、Beclin1、MAP1LC3A、MAP1LC3B、ATG12 的表达量显著增加，SQSTM1 表达量降低，自噬通路 mTOR 信号分子表达下调，AMPK 上调，饥饿到 10 天后，ULK1、Beclin1、MAP1LC3A、MAP1LC3B、MAP1LC3C、ATG12、ATG13 均有所下降，mTOR 显著上调，AMPK 下调，当饥饿延长到 15 天时，ULK1、Beclin-1、MAP1LC3A、MAP1LC3B 的表达量明显增加，SQSTM1 表达量降低，mTOR 显著下调，AMPK 表达上调（$p<0.05$）；Western blot 检测发现自噬标志蛋白 LC3 表现出先降低后升高趋势，饥饿 3 天后，LC3 蛋白表达量有所减少，随着饥饿时间的延长，LC3 蛋白表达量显著增加；透射电子显微镜也观察到饥饿过程中肌肉组织细

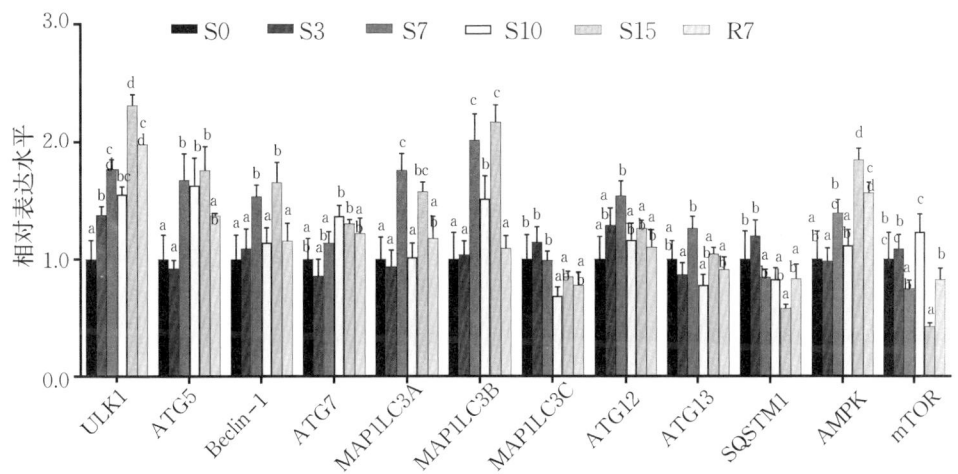

图 5-4　饥饿对中华鳖肌肉自噬相关基因表达的影响

注：（1）数据用平均值±标准误表示（$n=3$ 个重复组），每个重复取 3 只；（2）不同字母表示差异显著（$p<0.05$）；（3）ULK1 表示 UNC-51 样自噬活化激酶 1，ATG5 表示自噬相关基因 5，Beclin-1 表示 BECN1 基因，ATG7 表示自噬相关基因 7，MAP1LC3A 表示微管相关蛋白 1 轻链 3A，MAP1LC3B 表示微管相关蛋白 1 轻链 3B，MAP1LC3C 表示微管相关蛋白 1 轻链 3C，ATG12 表示自噬相关基因 12，ATG13 表示自噬相关基因 13，SQSTM1 表示泛素结合蛋白，AMPK 表示腺苷酸活化蛋白激酶，mTOR 表示西罗莫司靶蛋白。

胞自噬现象的发生，其变化趋势与蛋白水平基本一致。而在恢复摄食后，ULK1、ATG5、Beclin-1、MAP1LC3A、MAP1LC3B 表达有所下降且部分恢复到正常摄食水平，SQSTM1 升高，mTOR 表达水平显著升高，AMPK 下降（$p < 0.05$）；Western blot 和透射电子显微镜结果显示肌肉中 LC3 蛋白表达显著降低，并且自噬小体数量明显减少，从而发挥细胞保护作用。

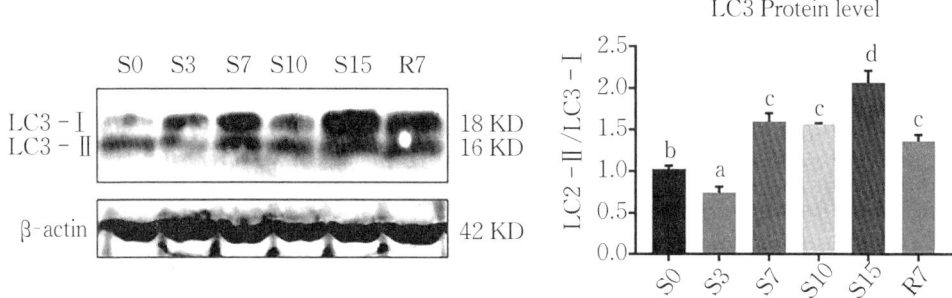

图 5-5　饥饿胁迫下中华鳖肌肉自噬标志蛋白 LC3 Western blot 分析

注：（1）数据用平均值±标准误表示（$n = 3$ 个重复组），每个重复取 3 只；（2）不同字母表示差异显著（$p < 0.05$）。

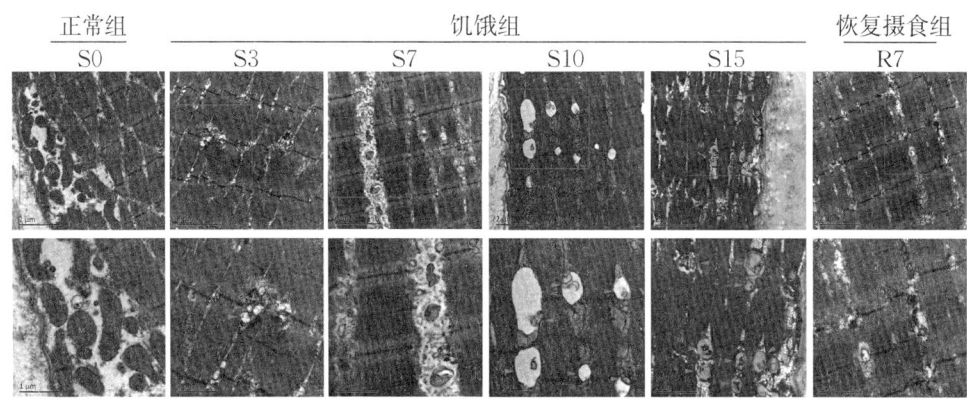

图 5-6　透射电镜观察饥饿胁迫下中华鳖肌肉自噬小体情况

注：红色箭头表示自噬小体，M 为线粒体，刻度标尺为 1 微米。

本研究结果显示，饥饿过程中 Keap1 mRNA 表达量随着饥饿时间的增加而逐渐升高，Nrf2 则呈现下降趋势，抗氧化酶 SOD、CAT、GPx 酶活性呈先升高后降低趋势，GST、GR 酶活性呈先下降后上升趋势，GSH 含量表现为显著下降；抗氧化酶转录水平与 Nrf2 变化一致，ROS 变化规律则与 Nrf2 恰好相反，MDA、PC 含量逐渐升高，表明肌肉氧化应激水平升高。我们进一步研究发现，自噬相关基因 ULK1、MAP1LC3A、MAP1LC3B、MAP1LC3C、ATG13 的表达量呈显著升高趋势，ATG5、Beclin1、ATG7、ATG12 呈先下降后升高趋势，

SQSTM1 持续降低；自噬信号分子 mTOR 呈显著下调趋势，AMPK 则明显上调；此外，LC3 蛋白表达呈先降低后升高趋势，透射电镜观察到饥饿过程中细胞自噬小体数量明显增加。当恢复摄食后，Keap1 mRNA 的表达显著降低，Nrf2明显升高，SOD、CAT、GPx 酶活性和 GSH 含量显著升高，抗氧化酶转录水平与 Nrf2 保持一致；并显著降低了 ROS 与 MDA、PC 含量，减轻了肌肉氧化应激水平。此外，自噬相关基因 ULK1、MAP1LC3A、MAP1LC3B、MAP1LC3C、ATG13 的表达量显著下降，SQSTM1 显著升高；自噬信号分子 mTOR 显著上调，AMPK 明显下调；LC3 蛋白表达及自噬小体数量均有所减少，使肌肉表现出对营养变化的适应性。

第二节　饥饿对中华鳖肌肉 KLF15 表达、BCAA 含量及其代谢相关酶的影响

一、饥饿对中华鳖肌肉 KLF15 转录及蛋白水平的影响

如图 5-7 所示。与正常摄食相比，饥饿 3 天后肌肉中 KLF15 转录及蛋白质水平无明显变化（$P > 0.05$）。饥饿 7～10 天后，两者均显著上调，饥饿 10 天后转录水平达到最高（$p < 0.05$）。当饥饿延长至 15 天时，KLF15 转录表达显著下调，但未恢复到正常摄食水平（$p < 0.05$），而蛋白质水平仍在升高并达到最高水平（$p < 0.05$）。当恢复摄食 7 天后，显著下调 KLF15 转录和蛋白水平，并恢复到正常摄食水平。

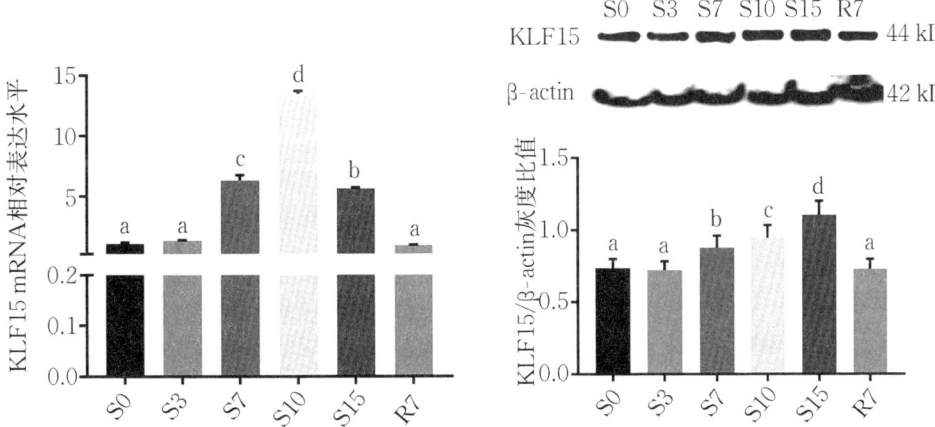

图 5-7　饥饿对中华鳖肌肉 KLF15 转录及蛋白水平的影响

注：（1）数据用平均值±标准误表示（$n = 3$ 个重复组），每个重复取 3 只；（2）不同字母表示差异显著（$p < 0.05$）；（3）KLF15 表示 Krüppel 样因子 15，β-actin 表示 β 肌动蛋白（内参）。

二、饥饿对中华鳖肌肉 BCAA 含量的影响

如图 5-8 所示，饥饿胁迫下中华鳖肌肉中 BCAA 和丙氨酸（Ala）含量的变化。结果表明，与正常摄食相比，饥饿 3 天后肌肉中 BCAA 和 Ala 含量无明显变化（$p > 0.05$）。饥饿 7 天后，肌肉中 BCAA 含量开始显著下降，Ala 含量升高（$p < 0.05$）。饥饿 10 天后 BCAA 含量继续下降，降到最低水平，Ala 含量达到最高水平（$p < 0.05$）。当饥饿 15d 后，BCAA 含量显著升高，高于正常摄食水平，Ala 逐渐降低（$p < 0.05$）。恢复摄食 7 天后，BCAA 含量继续升高（$p < 0.05$），Ala 含量显著降低，并恢复到正常摄食水平。

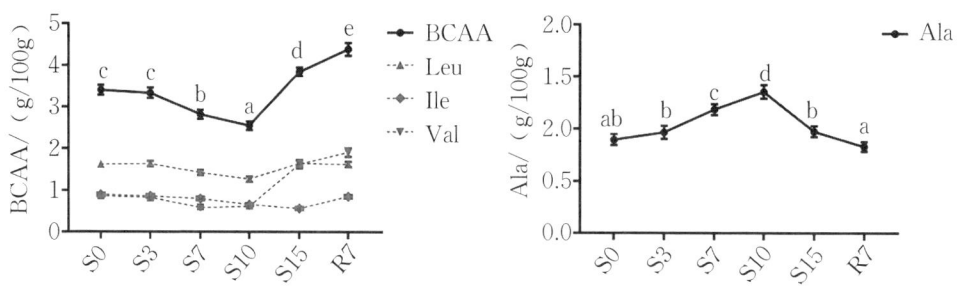

图 5-8　饥饿胁迫下中华鳖肌肉 BCAA 含量的变化

注：（1）数据用平均值±标准误表示（$n = 3$ 个重复组），每个重复取 3 只；（2）不同字母表示差异显著（$p < 0.05$）；（3）g/100g 表示克/100 克。

三、饥饿对中华鳖肌肉 BCAA 代谢相关酶活性及转录水平的影响

在饥饿胁迫下，中华鳖肌肉 BCAA 代谢相关酶活性及转录水平变化如图 5-8 所示。饥饿 3 天后，肌肉中 BCAT 和 ALT 酶活性显著升高（$p < 0.05$），而转录表达无显著差异（$p > 0.05$）。饥饿 7 天后，BCAT 和 ALT 活性及转录水平均显著升高，ALT 活性达到最高水平（$p < 0.05$）。饥饿 10 天后，BCAT 酶活性和转录水平持续升高，达到最高水平，ALT 转录水平也升高，但活性略有下降（$p < 0.05$）。饥饿 15 天后，BCAT 的活性和转录表达开始下降，但仍高于正常摄食水平（$p < 0.05$）。ALT 显著升高且转录水平达到最高（$p < 0.05$）。恢复摄食 7 天后，BCAT 和 ALT 的活性和基因表达量均显著下降，除 ALT 转录水平外，其余均恢复到正常摄食水平。

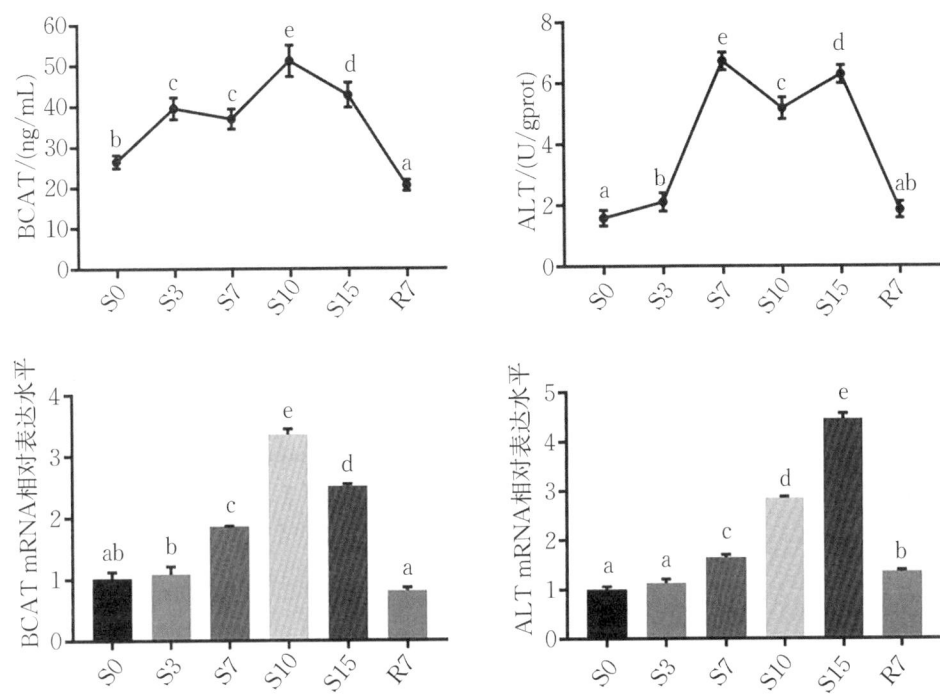

图 5-9　饥饿对中华鳖肌肉 BCAA 代谢相关酶活性及转录水平的影响

注：（1）数据用平均值±标准误表示（$n=3$ 个重复组），每个重复取 3 只；（2）不同字母表示差异显著（$p<0.05$）；（3）ng/mL 表示纳克/毫升，U/gprot 表示酶活力单位/克蛋白。

肌肉是机体最大的结构组织，也是支链氨基酸分解代谢的主要场所。它是体内主要的蛋白质储存库，在应激状态下作为能量代谢的氨基酸来源被动员。研究表明，支链氨基酸的代谢主要通过肌肉中的转氨作用。这也是谷氨酸、谷氨酰胺和天冬氨酸内源合成的主要途径。当机体处于静息状态时，肌肉总能耗的 14% 由 BCAA 氧化过程提供。在饥饿、泌乳、运动等特殊条件下，BCAA 氧化供能增强，成为体内重要的能量来源。KLF15 是众所周知的调节因子，对葡萄糖稳态，脂质通量和利用以及氨基酸分解代谢都具有重要的调节作用。KLF15 对氨基酸代谢尤其是支链氨基酸代谢的影响是一个新兴的研究领域。

本研究结果表明，饥饿 3 天后，中华鳖肌肉支链氨基酸代谢相关酶 BCAT、ALT 活性开始升高。饥饿 7 天后，KLF15 的转录和蛋白质水平开始上调，BCAT、ALT 酶活性和转录水平显著升高，BCAA 随丙氨酸含量的增加而显著降低。这可能是由于 KLF15 的表达上调，促进了 BCAT 和 ALT 的活性和转录表达，从而促进了 BCAA 的分解代谢，降低了 BCAA 的含量。在此过程中，由于 BCAA 分解产生谷氨酸，在 ALT 酶的作用下转化为丙氨酸，丙氨酸含量增加。据报道，KLF15 在骨骼肌和心肌细胞中的过度表达增加了 BCAT2 启动子活性，降低了细胞内 BCAA 浓度（Yoshikawa et al.，2009；Shimizu et al.，2011）。本研究与该结果一致。此外，饥饿 10 天后，肌肉中 KLF15、BCAT 和 ALT 的表达持续增加，KLF15 和 BCAT 达到最高值。BCAT 酶活性也持续升高并达到最高值，而 ALT 表达下降。此时，BCAA 的分解继续进行且达到最低值，丙氨酸含量上升到最高水平。结果表明，中华鳖在饥饿胁迫下利用肌肉中的支链氨基酸维持体内能量的稳定。研究发现，BCAA 分解代谢需要为肝脏糖异生提供碳基质，以维持饥饿状态下的血糖正常（Gray et al.，2007）。此外，禁食状态下，KLF15 通过上调 BCAA 分解的关键酶含量来抑制脂肪生成并促进糖异生，从而为肝脏提供糖异生底物（Teshigawara et al.，2005）。

当饥饿延长至 15 天时，KLF15 表达和 BCAT 酶活性均显著降低，ALT 转录水平和酶活性显著升高。BCAA 含量高于正常摄食水平，而丙氨酸含量逐渐下降。这可能是由于在饥饿胁迫下，BCAA 增加了自身的分解，为机体提供能量。当达到一定程度时，BCAA 不能在肌肉中分解，逐渐恢复到平衡水平。这与 Takeuchi（2016）的观点一致，他认为 KLF15 参与调节机体的多种代谢途径，在饥饿状态下促进机体的糖异生，为维持机体的生命活动提供能量。与此相关的是，长期饥饿后，肠道和肝脏蛋白质代谢增加，肝脏对糖异生前体的净摄取也增加，表明糖异生作用增加。饥饿后在肌肉中观察到 BCAA 代谢变化可能反映了肌肉对营养缺乏的适应性反应。

此外，我们还发现，恢复摄食后，中华鳖生长性能逐渐恢复正常，肌肉中 KLF15、BCAT 的表达明显下降并恢复到正常摄食水平，ALT 也下降，但未能达到正常摄食水平。同时，BCAT、ALT 活性均下降，并恢复到正常摄食状态。但 BCAA 含量明显增加，丙氨酸恢复到正常摄食水平。说明饥饿后再恢复摄食，中华鳖摄食量增加，代谢水平迅速提高，促进了能量稳态的恢复。这些发现证明了 KLF15 - BCAA 信号轴在调控肌肉支链氨基酸代谢和维持能量稳态中的重要作用。

第六章　高脂日粮对中华鳖肝脏脂质蓄积、氧化应激和自噬的影响

脂肪是水生动物的能源和贮存能量的最佳形式，还可以为水生动物提供必需的脂肪酸。对于养殖户来说水产品的高效高产影响着市场需求，其中养殖对象的生长速度牵动着养殖户的心，养殖户为了使养殖品种快速生长会选择短时间内投喂其过高且含有高能量的饲料，这也是养殖鱼类会出现肝脏脂肪蓄积频发的原因。饲料中增添适量的脂肪能够提高水生动物的饲料利用效率，可以起到节省饲料蛋白的作用，且有助于水生动物的生长，能够提升其增长率。但是饲料中添加过高的脂肪含量也会产生很多不利的影响。当饲料中增添的脂肪含量太高时，会引起水生动物脂质蓄积，损害水生动物健康。有人通过养殖草鱼幼鱼时发现，设定的两个不同投喂率组，其中 1% 的投喂率组的肝脏脂肪含量在 4%，而 3.5% 的投喂率组的肝脏脂肪含量则提高了 11%，造成了肝脏脂肪的蓄积。在研究杂交条纹鲈鱼时发现，在一定范围内，随着饲料脂肪浓度的上升，鱼体内脂肪含量也随之上升。高脂日粮会促进水生动物机体的脂质蓄积。与此同时，高脂日粮投喂水生动物一段时间以后会产生大量的 ROS，此时机体不能够及时清除 ROS，则会导致氧化与抗氧化的平衡状态被破坏，继而导致机体的氧化应激反应产生，导致脂质过氧化，最后破坏了体内的氧自由基的平衡状态，而且过多的 ROS 还会诱导自噬的发生。同时，Kelch 样环氧氯丙烷相关蛋白 1/核因子 E2 相关因子 2 - 抗氧化反应元件（Keap1/Nrf2 - ARE）信号通路在抗氧化的进程中起到重要的作用。在现代集约化养殖条件下，经常使用高脂饲料饲喂中华鳖，容易导致中华鳖肝脏损伤。目前，关于中华鳖脂肪代谢营养的研究还比较缺乏。本章旨在分析投喂高脂日粮和正常脂肪日粮的饲料对中华鳖肝脏脂质蓄积、氧化应激和自噬的影响，从而揭示中华鳖对高脂饲料的应激机制。

第一节　高脂日粮对中华鳖肝脏脂质蓄积的影响

生物体内自由基的生成及降解在一般条件下处于动态平衡中，当受到外界刺激时，机体形成的自由基增多时或者自由基清除能力减弱时，氧化应激就会随着这种变化而出现。高脂饲料能够促使水生动物的体内产生非常多的自由基，而这

些多余的自由基会引起氧化应激发生。氧化应激的产生可导致机体免疫力下降，机体处于一种比较容易受损的状态，损伤的反应随着自由基的生成增加而变得剧烈，从而导致丙二醛含量上升，导致动物体出现脂质过氧化的反应，同时生物膜（细胞膜等）的结构及其功能也会出现异常，继而导致基因编码及复制出现问题，从而诱导细胞突变的发生。氧化应激过程中会形成大量的活性氧（ROS），从而诱导自噬的发生，而自噬的形成又反过来作用于机体，缓和氧化应激形成的机体损伤。脂类具有很多的功能，主要包括传递信号、储存能量和作为细胞膜的结构成分几大类的功能。虽然脂类具有很多有益的方面，但是，水生动物过量摄入脂质时会导致机体内肝细胞中脂质蓄积含量增多，从而降低机体的抗应激能力、抗氧化能力、免疫能力等，这些都会对生产产生不利影响，最终可能会导致重大的经济损失。

本研究中，我们对对照组和高脂组饲喂 8 周后的中华鳖进行了肝脏切片油红O 染色。如图 6-1 所示，高脂组脂滴的数目明显多于对照组。不同脂肪水平饲料投喂的中华鳖，其肝脏低密度脂蛋白胆固醇（LDL-C）、总胆固醇（TC）、甘油三酯（TG）和高密度脂蛋白胆固醇（HDL-C）的含量变化趋势如图 6-2。相

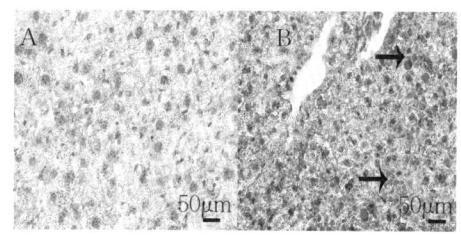

图 6-1　中华鳖肝脏脂质积累图

注：（1）A 为对照组（NFD），B 为高脂组（HFD）；（2）HE 染色光镜下（×400）倍观察到大量脂滴沉积，比例尺为 50 微米。

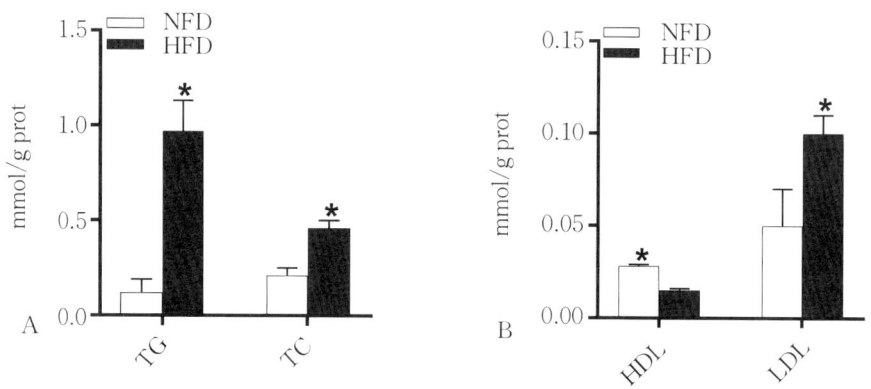

图 6-2　高脂日粮对中华鳖肝脏脂质蓄积和损伤相关酶活性的影响

注：（1）数据用平均值±标准误表示（$n=3$ 个重复组），每个重复取 3 只中华鳖；（2）＊表示各组间有显著差异（$p<0.05$）；（3）mmol/g prot 表示毫摩尔/克蛋白。

比对照组，高脂组中华鳖肝脏低密度脂蛋白胆固醇（LDL-C）、总胆固醇（TC）和甘油三酯（TG）含量都出现了显著升高（$p<0.05$）。然而，高密度脂蛋白胆固醇（HDL-C）含量却呈显著下降的趋势（$p<0.05$）。

本研究中，以对照组和高脂组投喂的中华鳖，其血清的甘油三酯（TG）、总胆固醇（TC）、低密度脂蛋白胆固醇（LDL-C）、高密度脂蛋白胆固醇（HDL-C）、谷丙转氨酶（ALT）和谷草转氨酶（AST）的含量变化趋势如图 6-3。与肝脏生化指标的变化趋势相一致，与对照组相比，高脂组中华鳖血清甘油三酯（TG）和总胆固醇（TC）的含量出现了显著升高（$p<0.05$）。与此同时，低密度脂蛋白胆固醇（LDL-C）的含量也显著升高（$p<0.05$）。然而，血清中高密度脂蛋白胆固醇（HDL-C）的含量出现了显著下降（$p<0.05$）。此外，与对照组相比，高脂组中华鳖血清中不仅显著升高了谷丙转氨酶（ALT）活性，也显著增大了谷草转氨酶（AST）的活性（$p<0.05$）。

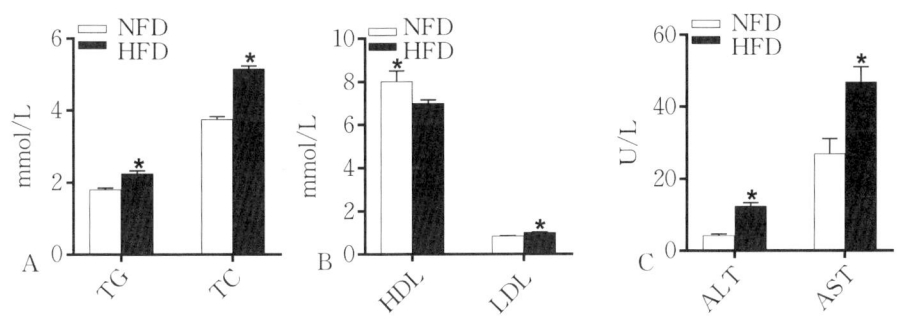

图 6-3　高脂日粮对中华鳖血清脂质蓄积和损伤相关酶活性的影响

注：（1）数据用平均值±标准误表示（$n=3$ 个重复组），每个重复取 3 只；（2）＊表示各组间有显著差异（$p<0.05$）；（3）mmol/L 表示毫摩尔/升，U/L 表示酶活力单位/升。

总之，本实验通过观察油红 O 染色发现，高脂组饲喂的中华鳖会比对照组投喂的中华鳖产生更多的红色脂滴。与对照组相比，高脂组中华鳖的肝脏和血清中 LDL-C、TC 和 TG 的含量显著上升，然而 HDL-C 的含量显著低于对照组。根据 Adjoumani 等（2017）研究表明，高脂组投喂一段时间后，LDL-C、TC 和 TG 的含量均有升高的趋势，然而 HDL-C 的含量显著降低了。本实验高脂组对中华鳖 LDL-C、TC、TG 和 HDL-C 产生了显著影响，与武昌鱼有相似的结论。结果表明，投饲高脂组能导致中华鳖肝脏中脂质发生蓄积。LDL-C 和 HDL-C 与TC 指标的变化可能是肝脏中大量的脂质氧化分解导致 TC 的大量产生，促进了LDL 的表达，抑制了 HDL 的表达，增强了肝脏中对胆固醇的转运，降低了血清中胆固醇向肝脏的转运。

近年来，高脂饲料已广泛应用于水产养殖，在饲料中添加高含量的脂肪已经成为趋势，脂肪为养殖产业提供更多的能量而不是蛋白质，从而减少了对蛋白质的依赖。虽然高脂饲料能够对水生动物的生长具有显著的促进作用，但是，机体摄入过量脂肪可能会增加低密度脂蛋白胆固醇（LDL-C）并产生其他不良反应，比如说会导致水生动物肥胖，降低其营养价值。脂肪细胞在能量稳态中发挥着重要作用，在体内产生大量的甘油三酯（TG），并作为能量储备。脂肪细胞中脂肪储存与释放处于一个动态变化关系状态，当能量摄入大于能量消耗时，脂肪细胞中脂肪含量逐渐增大，同时细胞体积也逐渐开始扩张。当能量消耗大于能量摄入时，脂肪细胞中所储存的脂肪在相关酶的催化下进入三羧酸循环，并以三磷酸腺苷（ATP）形式为机体提供能量，同时细胞体积也会逐渐变小。在哺乳动物中，非酒精性脂肪肝形成的部分原因是与机体长期高脂肪摄入有关，长期高脂肪摄入经常会导致不良影响，比如肥胖、高脂血症和胰岛素抵抗等。在水生动物中，高脂饲料或者长期处于过饱食状态也会诱发肝脏脂肪发生变性，导致肝脏损伤。相关研究表明，血清中 AST 和 ALT 已经被广泛当作肝脏损伤的代表性标志物，通常通过测定血清中 AST 和 ALT 的酶活力的变化来表明水生动物肝脏受损伤的情况。相关研究发现，高脂组投喂一段时间后，血清中 AST 和 ALT 的酶活力均有升高的趋势，高脂日粮会导致转氨酶在血清大量蓄积。本实验高脂组对中华鳖 AST 和 ALT 产生了显著影响，与小鼠有相似的结论。本实验结果表明，与对照组相比，高脂组饲喂中华鳖以后，血清 AST 和 ALT 的酶活力显著上调而引起中华鳖肝脏的损伤。血清 AST 和 ALT 指标的变化可能是高脂日粮增强肝脏对转氨酶的转运。

第二节　高脂日粮对中华鳖肝脏氧化应激和自噬的影响

一、中华鳖氧化应激反应

氧化应激在生物机体中广泛存在，它是生命活动中最普遍的反应。应激通常情况下是指当外界环境刺激生物体以后，其机体内稳定的环境状态就会发生变化，然后，机体内就会产生一些反应。有些反应具有特异性，一般称为特异性反应。还有一些反应属于非特异性，一般称作非特异性反应。这些受到刺激后产生的反应合起来称为应激反应。总而言之，应激反应就是使生物体内维持内部稳定环境状态的一种过程。由以上可得出以下结论，如果要让水生动物具有较强的适应能力，可以适度给予其刺激，使其增强对多变环境的适应性。但是如果刺激的强度过高，可能对其造成不可逆转的损伤，其中包括身体上的和心理上的，最后可能会造成机体容易感染不同的疾病。而当水生动物提高其氧化能力并且削弱其抗氧化能力时，其体内稳定的环境状态就会发生变化，继而引发一系列的应激反应，此时发生的现象就是氧化应激。从水生动物来看，有以下几种因素可以促进氧化应激反应的发生：①生态环境的改变导致的应激反应。比如，水体中盐度、溶氧量和氨氮含量，温度高低和酸碱度程度等。除了生态环境的改变之外，环境污染也会导致应激反应，大量工厂排放大量的工业废水，这些废水中含有的洗涤残留物、重金属和石油等被排入水中，随着排入的废水越来越多，造成水体越来越严重的污染，这会引起更为严重的应激反应；②由生物活动所引起的应激反应。主要涵盖有害微生物的入侵、同类的自相残杀和被捕食等一系列活动；③由生物躯体动作所引起的应激反应。此种类型的动作一般涵盖催产、超运、捕捞和投饵等，这些动作都能够引发一定的应激反应；④由其他方面所引起的应激反应。诸如地质灾害、水上运输和水利工程建设等。上述原因是引起鱼类应激氧化现象最主要的因素，继而可能会严重影响鱼类的健康和生长，从而造成严重的经济损失。

二、高脂日粮对中华鳖肝脏氧化应激的影响

本研究中，与对照组相比，高脂组中华鳖肝脏的活性氧出现了显著的上升（$p < 0.05$）（表 6-1），其丙二醛（MDA）和蛋白质羰基（PC）的含量都显著增加（$p < 0.05$）。然而，高脂组饲喂中华鳖会导致其肝脏谷胱甘肽过氧化物酶（GPx）、谷胱甘肽-s-转移酶（GST）、总超氧化物歧化酶（T-SOD）和过氧化氢酶（CAT）的活性显著下降（$p < 0.05$）。与此同时，其抗超氧化物阴离子自由基（ASA）的容量显著降低（$p < 0.05$），且谷胱甘肽（GSH）含量也显著下降（$p < 0.05$）。

表 6-1　　　　　　　　高脂日粮对中华鳖肝脏氧化应激指标的影响

项目	对照组	高脂组
ROS/（酶活力单位/毫升）	85.66 ± 1.53^a	99.09 ± 2.05^b
MDA/（纳摩尔/毫克）	1.01 ± 0.16^a	2.07 ± 0.20^b
PC/（纳摩尔/毫克）	15.55 ± 5.96^a	27.61 ± 1.07^b
CAT/（酶活力单位/毫克）	21.37 ± 1.24^b	16.82 ± 1.57^a
T-SOD/（酶活力单位/毫克）	169.26 ± 38.08^b	81.87 ± 20.90^a
GSH/（酶活力单位/克）	32.97 ± 1.56^b	12.95 ± 2.18^a
GST/（酶活力单位/毫克）	117.43 ± 5.38^b	46.52 ± 3.27^a
ASA/（毫克/克）	884.73 ± 288.25^b	204.37 ± 18.06^a
GPx/（酶活力单位/毫升）	257.21 ± 42.49^b	61.96 ± 8.13^a

注：（1）数据用平均值±标准误表示（$n = 3$ 个重复组），每个重复取 3 只中华鳖；（2）不同字母表示两组间有显著差异（$p < 0.05$）。

本研究中，中华鳖肝脏 Keap1、Nrf2、SOD1、MnSOD、CAT、GPx3、GPx4、GPx7、mTOR、S6K1、GSTO1 和 GSTCD 基因相对表达量如图 6 - 4。与对照组相比，高脂组显著降低中华鳖肝脏抗氧化酶基因 SOD1、MnSOD、CAT、GPx3、GPx4、GPx7、GSTO1 和 GSTCD 的相对表达量（$p < 0.05$）。同时，高脂组也显著影响抗氧化酶信号分子的表达。高脂组对 Keap1 基因的表达表现出显著的增强作用（$p < 0.05$）。而肝脏中 Nrf2、mTOR、S6K1 基因的表达在高脂饲喂中华鳖时显著降低（$p < 0.05$）。

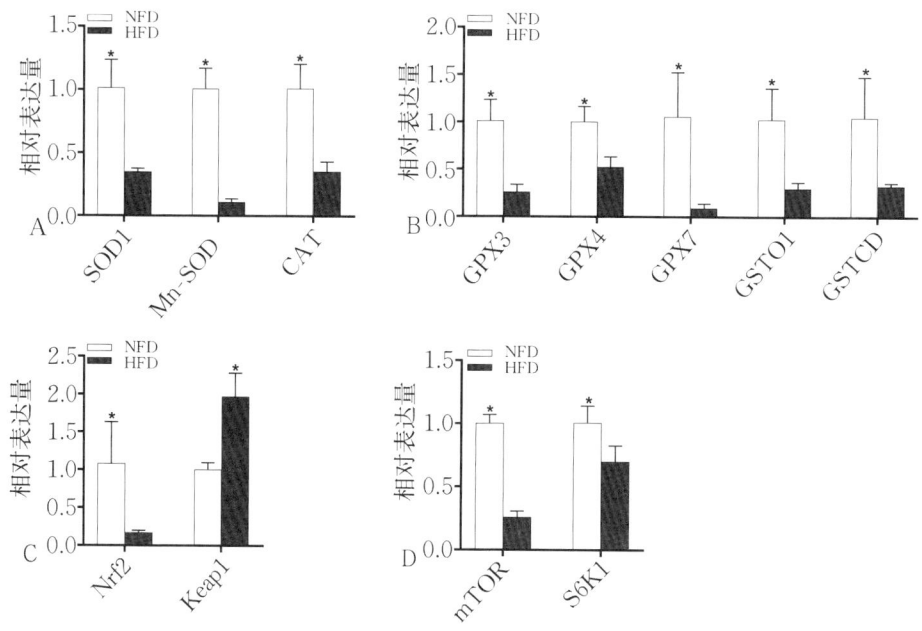

图 6 - 4　高脂日粮对中华鳖肝脏氧化应激指标相关基因表达的影响

注：（1）数据用平均值±标准误表示（$n = 3$ 个重复组），每个重复取 3 只；（2）＊表示各组间有显著差异（$p < 0.05$）；（3）SOD1 表示铜锌超氧化物歧化酶，Mn-SOD 表示锰超氧化物歧化酶，CAT 表示过氧化氢酶，GPx3 表示谷胱甘肽过氧化物酶 3，GPx4 表示谷胱甘肽过氧化物酶 4，GPx7 表示谷胱甘肽过氧化物酶 7，GSTO1 表示谷胱甘肽 S-转移酶 ω1，GSTCD 表示谷胱甘肽 S-转移酶 C-末端结构域，Nrf2 表示核因子 E2 相关因子 2，Keap1 表示 Kelch 样环氧氯丙烷相关蛋白 1，mTOR 表示西罗莫司靶蛋白，S6K1 表示核糖体蛋白 S6 激酶 1。

研究表明，高脂日粮能够产生大量活性氧（ROS）从而引起氧化失衡，导致水生动物发生疾病。当中华鳖投喂一段时间的高脂日粮以后就会形成一种高脂胁迫。高脂日粮能够诱导中华鳖肝脏产生大量的活性氧自由基（ROS），导致活性氧的含量过高，超过了中华鳖肝脏的氧化平衡状态，因此机体不能及时清除 ROS 时，会导致肝脏脂肪过氧化程度加剧，促使中华鳖发生氧化应激，从而激活关键抗氧化信号通路 Keap1/Nrf2 - ARE，调控抗氧化酶下游基因的表达，从而影响机体的抗氧化系统。为了抑制氧化损伤，促使动物具有自我恢复能力，它们已经进化出抗氧化系统。抗氧化系统通常由非酶化合物和抗氧化酶组成。非酶化合物主要是谷胱甘肽（GSH），抗氧化酶主要包括过氧化氢酶（CAT）、超氧化物歧化酶（SOD）和谷胱甘肽过氧化物酶（GPx）等物质。抗氧化系统在消除机体内过多的 ROS 中起着至关重要的作用。抗氧化酶会受到抗氧化基因表达的影响，通常会与抗氧化基因的相对表达变化一致，抗氧化酶基因的表达还会受多种转录因子的调控。Nrf2 是一种重要的抗氧化酶基因转录因子，可以与抗氧化反应元件结合并诱导抗氧化酶基因的转录发生。Keap1 能够与 Nrf2 结合形成复合物，降低 Nrf2 的浓度，从而抑制 Nrf2 移位至细胞核与抗氧化反应元件结合。因此，Keap1 基因的表达上调能够抑制 Nrf2 基因的表达，间接影响抗氧化酶基因的表达，进而影响抗氧化酶系统。此外，其他信号因子，如哺乳动物西罗莫司靶蛋白（mTOR），也能够调节 Nrf2 基因的表达。核糖体蛋白 S6 激酶 1（S6K1）作为 mTOR 基因下游靶基因，能够显著影响 mTOR 基因的表达，从而间接影响 Nrf2 基因的表达。

活性氧能够与脂质和蛋白质之间相互作用，当 ROS 浓度升高时诱发氧化应激。高脂日粮会导致中华鳖肝脏产生大量的 ROS，导致肝脏的氧化系统与抗氧化系统失衡，从而引起氧化应激。研究表明，PC 和 MDA 已经被广泛用作蛋白质氧化和脂质过氧化的指标，通过测定肝脏中 PC 和 MDA 含量的变化揭示水生动物肝脏蛋白质氧化和脂质过氧化的情况。本实验研究表明，高脂日粮投喂一段时间后，肝 ROS 浓度，PC 和 MDA 的含量显著上升，显示机体发生了氧化损伤与脂质过氧化。PC 和 MDA 含量上升可能是由于 ROS 浓度升高引起的氧化系统失衡导致的。抗氧化损伤的保护作用可能与自由基清除能力的提高有关，当发生氧化损伤时，机体自由基清除能力会下降。超氧自由基是参与氧化损伤的主要自由基，通常通过测定肝脏中 ASA 的容量变化表明超氧化物自由基的清除能力。本实验表明，高脂日粮导致中华鳖肝脏 MDA 和 PC 的含量显著上升，ASA 的容量显著降低，可能是高脂日粮导致肝脏产生大量 ROS，导致氧化系统失衡，降低自由基清除能力，从而导致氧化损伤与脂质过氧化。有研究报道，高脂日粮投喂一段时间后，GSH 含量有降低的趋势。本实验结果表明高脂日粮对中华鳖肝脏 GSH 具有极强抑制作用，能显著降低中华鳖肝脏的非酶抗氧化能力。针对武昌鱼的研究也发现相似的结论。此外，本实验中，高脂日粮显著降低了中华鳖肝脏 T-SOD、CAT、GPx 和 GST 的活性和 ASA 的含量。自由基清除能力下降的部分原因是非酶抗氧化剂和抗氧化酶降低导致的。由此表明，与对照组相比，高脂日粮饲喂中华鳖以后，肝脏 ASA 的容量显著下降也是非酶抗氧化剂 GSH 和抗氧化酶 T-SOD、CAT、GPx 和 GST 的下降导致的。

研究表明，高脂日粮显著降低 CAT、SOD、GPx 和 GST 基因的相对表达。本实验中，与对照组相比，高脂组对中华鳖肝脏 CAT、SOD1、MnSOD、GPx3、GPx4、GPx7、GSTO1 和 GSTCD 基因的相对表达具有显著抑制作用，抗氧化酶基因表达与抗氧化酶活性变化一致，表明抗氧化酶活性受抗氧化酶基因表达正向调控，与杂交石斑鱼的研究结果一致。而在草鱼幼鱼中，下调抗氧化酶基因表达可能是调控抗氧化酶基因的信号分子表达产生的结果。Nrf2 基因的表达下降可以抑制抗氧化酶基因的表达，从而抑制抗氧化酶的表达。Nrf2 被看作是一种重要的转录因子，通过与鱼体内抗氧化酶基因启动子区域的抗氧化反应元件结合，从而促进抗氧化酶基因的转录翻译表达，如 SOD、CAT、GPx 和 GST 基因等。本实验结果表明，与对照组相比，高脂组能显著降低中华鳖肝脏 Nrf2 基因的表达，与草鱼的研究结果一致。本实验研究结果表明，高脂日粮投喂中华鳖 56 天后，Nrf2 基因表达水平显著下降。因此，Nrf2 基因表达趋势与抗氧化酶基因表达趋势相同，表明高脂日粮诱导的抗氧化酶基因表达的降低可能是通过下调 Nrf2 基因的转录完成的，这与小鼠的研究结果相一致。Szklarz 等（2013）认为，Keap1 能够抑制 Nrf2 基因的表达，Keap1 是 Nrf2 结合蛋白，可以在细胞质与 Nrf2 结合形成 Keap1/Nrf2 复合物，促进蛋白酶体降解 Nrf2，从而减少 Nrf2 移位细胞核，降低 Nrf2 基因在细胞核内的表达。因此，Keap1 基因的表达上升会减少 Nrf2 向细胞核的移位，从而降低下游抗氧化基因的表达。Nrf2 的表达还会受到上游信号因子的调控，比如 mTOR 和 S6K1。研究表明，Nrf2 基因的表达受到 mTOR 和 S6K1 基因表达的影响，当 mTOR 和 S6K1 基因表达下调时，Nrf2 基因表达也同样下降。本实验研究表明，高脂日粮饲喂中华鳖 56 天以后，肝脏抗氧化酶基因 T-SOD、CAT、GPx 和 GST 显著下降是 Nrf2 基因的表达下调导致的，而 Nrf2 基因的表达下调不仅是 Keap1 基因与 Nrf2 结合形成复合物引起的，还可能受到上游信号因子的影响。

三、高脂日粮对中华鳖肝脏自噬水平的影响

一般情况下，自噬通常可以划分为大自噬、小自噬和分子伴侣介导的自噬三种类型。大自噬通常是指待降解物被内质网上的双层膜包被从而形成双层膜的自噬体结构，随后其与溶酶体互相发生融合作用，在这一过程中，内容物被其中的酶降解，通常意义所讲的自噬大都是指大自噬。小自噬是指被降解的物质不与其他细胞器上的膜结合，不形成自噬体结构，而是直接与溶酶体的膜结合并被其降解的过程。分子伴侣介导的自噬则是指被降解的物质首先与细胞质内的分子伴侣

发生结合作用，形成复合体，然后再通过分子伴侣的载运作用将待降解的物质运输至溶酶体，最终在溶酶体内发生降解作用。这类物质通常是可溶性的蛋白分子。自自噬现象发现以来，科学家普遍认为自噬都是对降解物进行无选择性的降解，但是随着对自噬更加深入的研究，人们发现自噬体还具有选择性的作用，即它可以对一些细胞器或者是大分子物质选择性降解。因此，这类具有选择性的自噬现象被称作选择性自噬，其中主要包含 Cvt 途径、过氧化氢酶体自噬、线粒体自噬和内质网自噬等过程。

　　自噬的形成主要经过 6 个过程。很多因素都会诱导自噬的发生，比如说，营养缺失和氧化应激等。细胞在接收到诱导信号后，胞质内会很快形成膜结构，它是"脂质样"，通常称之为自噬泡，随后自噬泡向外延伸，降解物被包裹进自噬泡，双层膜密闭式自噬体由此形成，随后其与溶酶体发生融合作用而形成自噬溶酶体。包裹进自噬溶酶体的物质发生降解，在这个过程中形成的氨基酸、脂肪酸等物质能够被胞质循环利用。目前发现了 30 个以上能够对自噬起作用的自噬相关基因，这些基因能够通过蛋白质复合体促进自噬的发生。诱导自噬初级阶段主要由 ULK1 复合体完成，其主要受哺乳动物西罗莫司靶蛋白（mTOR）和 AMP 依赖的蛋白激酶（AMPK）信号调控。当水生动物遭受应激或者高脂饲料饲喂时，mTOR 的基因的表达会受到显著的抑制作用，继而使 ULK1 复合体激活，最后形成自噬胞膜。AMPK 是非常重要的正向调节因子，它具有三方面的作用：其一，可以直接对 mTOR 活性起抑制的作用继而对自噬的形成起到促进的作用。其二，AMPK 的磷酸化能够间接对 mTOR 活性产生抑制作用，继而诱导自噬的发生。其三，AMPK 还能够直接与 ULK1 复合物发生结合作用，使 ULK1 磷酸化，最后促使自噬膜的形成。

　　本研究中，不同日粮饲养的中华鳖肝脏细胞结构组织的透射电镜图像如图 6-5 所示。与对照组相比，高脂组中华鳖肝脏细胞内自噬体增多。与此同时，其

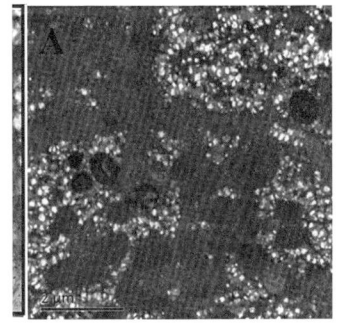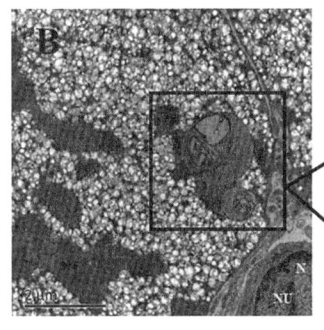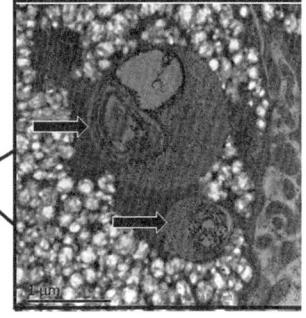

图 6-5　透射电镜观察中华鳖肝细胞结构图

注：（1）A 为对照组；B 为高脂组；（2）N 代表细胞核，NU 代表核仁；（3）刻度标尺为 2 微米。

肝脏 AMPK 基因的相对表达显著升高（$p<0.05$），ULK1 的基因表达也显著上升（$p<0.05$）。同时，MAP1LC3A、MAP1LC3B 和 MAP1LC3C 的基因表达显著上升（$p<0.05$）（图 6-6）。

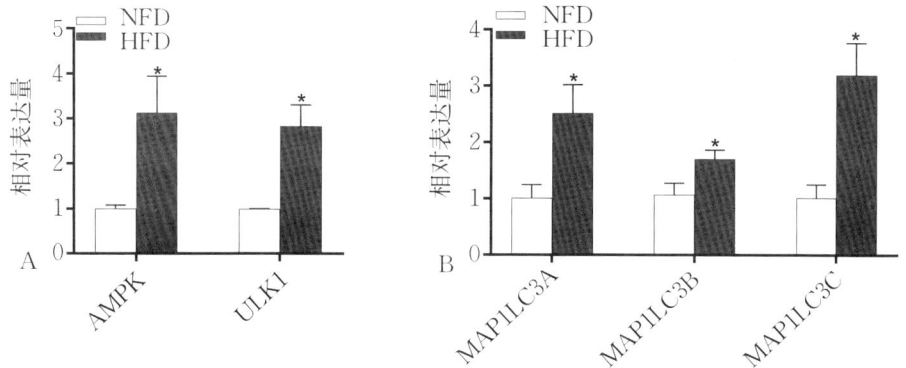

图 6-6　高脂日粮中华鳖肝脏自噬相关基因表达的影响

注：（1）数据用平均值±标准误表示（$n=3$ 个重复组），每个重复取 3 只；（2）＊表示各组间有显著差异（$p<0.05$）；（3）AMPK 表示腺苷酸活化蛋白激酶，ULK1 表示 UNC-51 样自噬活化激酶 1，MAP1LC3A 表示微管相关蛋白 1 轻链 3A，MAP1LC3B 表示微管相关蛋白 1 轻链 3B，MAP1LC3C 表示微管相关蛋白 1 轻链 3C。

　　自噬是一个进化相对保守的过程，它几乎存在于所有的细胞中，细胞质蛋白和细胞器发挥作用主要是通过细胞质蛋白和细胞器分解代谢，从而将代谢产物释放出去供细胞使用。它能利用溶酶体与其互相作用形成自噬溶酶体，自噬溶酶体内环境呈酸性，具有很多酸性水解酶，能够将包裹进的细胞中的物质或者受损的细胞降解。自噬是一个在酸性环境利用酸性水解酶进行分解代谢的过程，实现细胞本身的代谢需要某些细胞器的更新，主要作用是将营养从不必要的过程重新分配到生存所需的更关键的过程。同时，它也是一个受到严格控制的过程，在细胞生长中发挥重要作用，有助于保持细胞成分降解、合成和随后循环之间的平衡。此外，低水平的结构性自噬对维持蛋白质和细胞器的质量和维持细胞功能具有至关重要作用，比如自噬在肝脏、大脑和心脏中发挥着重要作用。自噬是一种细胞保护机制，在细胞准备清除受损的细胞质成分时诱导发生，例如在感染或蛋白积累期间自噬体的数目会增多。

　　自噬体形成早期存在广泛的分子相互作用。mTOR 基因是影响自噬发生的其中一类分子，它不仅可以作为细胞生长的核心调控因子，用以调控 Nrf2 基因的表达，还能够影响细胞自噬的发生。ULK1 基因作为自噬发生的关键启动调节因子，在诱导自噬的发生过程中具有非常重要的作用，它能够承受 mTOR 激酶的负调控。有报道表明，AMPK 参与调节细胞自噬的发生，自噬的发生能够被 AMPK 的升高而激活。AMPK 是自噬的激活剂，可通过直接磷酸化和激活

ULK1 促进自噬。本实验研究表明，与对照组相比，高脂组显著增强了 ULK1 基因和 AMPK 基因的表达，显著抑制了 mTOR 基因的表达。因此，ULK1 基因表达上调是 AMPK 基因表达上升和 mTOR 基因表达下降共同导致的，进而启动自噬的发生。LC3 蛋白家族包含三个高度同源的成员，分别为 MAP1LC3A、MAP1LC3B 和 MAP1LC3C。LC3 蛋白是自噬体最常用的标记物，它是自噬通路的中心蛋白，在自噬底物的选择和细胞自噬体的生物发展中发挥着重要作用。本实验研究表明，与对照组相比，高脂组显著提高了 LC3 蛋白家族成员的基因表达，从而促进了 LC3 蛋白的表达。通过透射电子显微镜分析，与对照组相比，高脂组中华鳖肝细胞形成较多的自噬体。由此表明，高脂组饲喂一段时间以后，显著增强肝脏中 ULK1 和 AMPK 基因的表达，导致 MAP1LC3 基因表达发生上调，从而诱导肝细胞自噬的发生。

本实验发现，中华鳖经过 8 周对比实验后，高脂日粮显著影响其血液生化指标、肝生化指标、肝损伤、肝抗氧化能力和相关基因表达变化以及肝脏自噬的影响。

1. 在血液和肝生化指标方面，高脂组 TG、TC 和 LDL-C 含量都显著高于对照组。而 HDL-C 的含量显著低于对照组，表明高脂日粮导致中华鳖肝脏和血细胞发生明显的脂质蓄积；

2. 在肝脏损伤方面，与对照组相比，高脂组血清 AST 和 ALT 的酶活力显著升高，表明高脂日粮引起中华鳖肝脏损伤；

3. 在肝脏氧化指标方面，与对照组相比，高脂组 ROS 浓度，MDA 和 PC 含量显著升高。GSH 含量，T-SOD、GST、GPx 和 CAT 的酶活性及 ASA 的能力都显著降低。与此同时，抗氧化基因 SOD、CAT、GST 和 GPx 的相对表达与抗氧化酶的变化一致，都出现了不同程度的显著降低。而且，这还会极大降低 Nrf2、mTOR 和 S6K1 基因的相对表达，但是它们也会显著提升 Keap1 基因的相对表达水平，表明高脂日粮会诱导肝脏发生氧化应激；

4. 在肝自噬方面，高脂组 MAP1LC3、ULK1 和 AMPK 基因的相对表达显著高于对照组，但显著抑制 mTOR 基因的相对表达，表明高脂日粮诱导肝脏细胞自噬的发生。

由这些结果可以得出结论：高脂日粮虽然能够增强中华鳖的生长性能，但是，高脂日粮对中华鳖肝脏也会造成一定损伤，它会增加肝脏脂质蓄积、肝脏损伤、诱导肝脏氧化应激和肝脏自噬等现象的发生。

第七章　生物钟基因与营养调控研究进展

　　地球上大多数生物，包括单细胞生物，多细胞生物等，其生理、生化和行为等生命活动也具有 24 小时昼夜节律变化特征，而分子计时器（即生物钟）是这种节律变化发生的结构基础。若生物钟被破坏，会导致睡眠障碍、代谢紊乱等症状，从而引起疾病的发生。因此，生物钟结构的组成及昼夜节律发生的分子机制研究成为近年来的一个研究热点。生物钟参与调控机体行为与各项生理功能，如调控机体的睡眠-苏醒循环、体温的波动和营养代谢调控等。越来越多的研究表明，营养代谢与生物钟的表达节律之间有着非常密切的关系，如果生物钟发生紊乱，将会导致各种代谢异常（如发生脂肪肝），进而影响动物组织的生长和发育。本章旨在阐明生物钟基因与营养调控研究进展，为揭示生物钟基因参与营养调控机制提供理论依据。

第一节　生物钟的组成及其分子机制

一、生物钟的组成

　　生物在生长过程中具有节律现象，这种现象的发生与地球、月亮和太阳的周期变化息息相关。在长期的进化过程中，随着自然环境周期性的变化（如电磁场变化、行星运动变化），相应地，生物在生理、行为等方面也发生节律性变化，从而更好地适应环境。据此，生物学家把生物的节律分为近日节律、近月节律、近年节律和潮汐节律等。一直以来，生物学家聚焦于生物体的近日节律（即 24 小时变化的昼夜节律）结构特征及分子机制的研究。20 世纪中期，生物学家把生物体的这种 24 小时节律振荡的生命活动称之为"昼夜节律"活动，并认为这种"昼夜节律"活动是由一种叫作像"时钟"一样的"生物钟"的系统进行调控的。通过进一步的研究，生物学家根据生物钟的存在部位将生物钟分为中枢生物钟（主钟）和外周生物钟（外周钟）。中枢生物钟位于中枢部位（即下丘脑视交叉上核，SCN），外周生物钟位于外周组织（肾脏、心脏、肝脏、骨骼肌等）。接着，生物学家又把在中枢部位和外周组织中参与调节生物钟的基因统称为生物钟核心基因，其对应的蛋白称为生物钟蛋白。这些生物钟核心基因并不是孤立存在的，而是相互协调、相互作用，形成一个完整的生物钟系统来共同完成各种节律性的生命活动。进一步的研究发现，生物钟系统主要由 3 部分构成（图 7 - 1）：即输入路径、中央振荡器和输出路径。这一系统具有以下几个特点：1. 生物钟是可以遗传的；2. 生物钟在理想状态下具有恒定不变的周期性特征，生物钟的自由运转节律与自然环境变化保持同步，即外界环境中的光和温度等授时因子，通过输入路径进入中央振荡器，经过一系列加工和反应，最后通过输出路径驱动生物产生节律活动；3. 一旦外界环境中的光、温度和食物等授时因子发生变化，生物钟能够迅速做出精确调整，使生物体产生新的节律活动，如激素调节、内环境稳定等各种生理活动，从而适应新的环境。

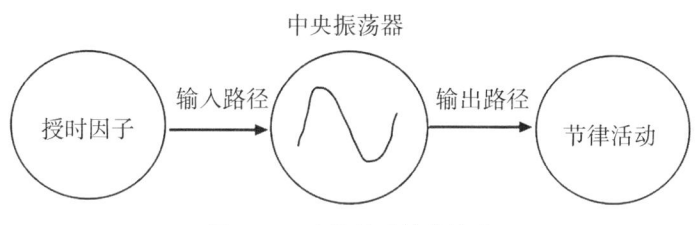

图 7 - 1　生物钟系统的构成

二、生物钟的分子机制

生物体内生物钟系统产生的昼夜节律，主要依赖生物钟核心基因之间的协调表达。这些生物钟核心基因主要包括大脑和肌肉芳香烃受体核转位蛋白类基因（Bmal）、生理运动输出周期蛋白基因（Clock）、神经 PAS 结构域蛋白 2 基因（NPAS2）、期基因（Per1/2/3）、隐花色素基因（Cry1/2）、视黄酸相关的孤儿受体 α/β/γ 基因（RORA/B/C）和细胞核受体 α/β 基因（Rev-erbα/β，也叫 NR1D1/2）。这些基因相互协调形成一种复杂的转录-翻译反馈环路（图 7 - 2）。这个反馈环路包括正向调节端和负向调节端。在正向调节端，Bmal1 基因的高表达促进其相应蛋白与 Clock 蛋白形成 Bmal1/Clock 蛋白二聚体，这种二聚体在细胞内的靶基因的启动子区域结合一段叫 PAS 结构域的 E-box（E-盒子）序列（CACGTG），从而激活 Per 基因、Cry 基因的转录，然后将相应信号传递给生物体内的其他细胞（Velarde et al.，2009）。而在负相调节端，Per 基因和 Cry 基因相应的蛋白在胞质中不断积聚，与 Bmal1/Clock 蛋白二聚体直接作用并抑制其活性，从而抑制 Per 基因和 Cry 基因的转录。这两个反馈环中的转录激活因子（Bmal1，Clock）和翻译抑制因子（Per，Cry）之间相互协同作用，并激活许多 E-box 调控因子（钟控基因）如 D 结合蛋白（DBP）、芳基-烷基胺-N-乙酰转移酶基因（AANAT）的生物活性和碱性螺旋循环蛋白 E40 基因（BHLHE40）和核因子 IL - 3 基因（NFIL3）等，从而共同维持着生物体内 24 小时周期变化。

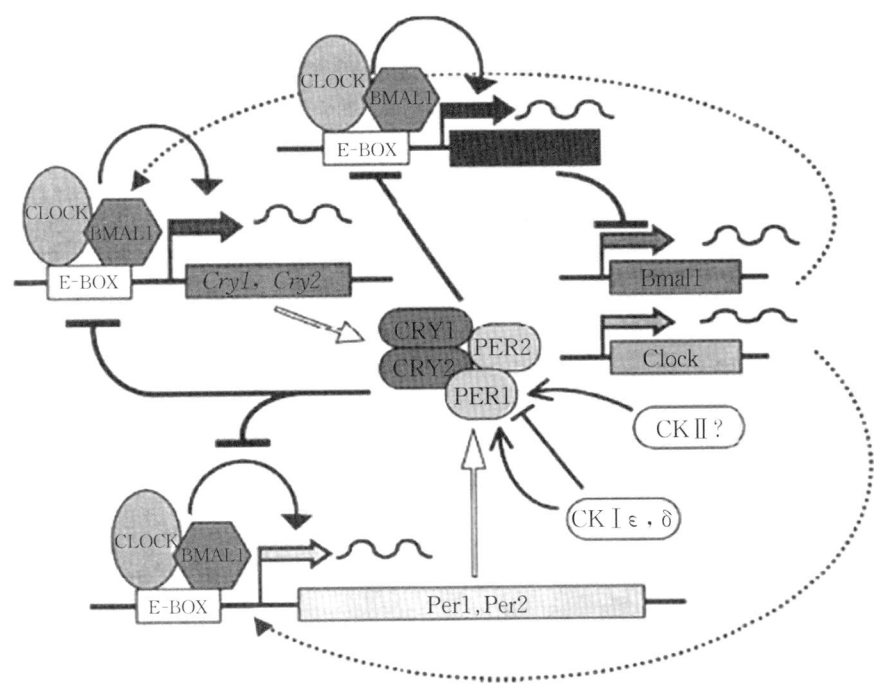

图 7 - 2　哺乳动物生物钟核心基因反馈环路模式图（引自 Velarde et al., 2009）

注：Bmal1 表示大脑和肌肉芳香烃受体核转位蛋白类基因，Clock 表示生理运动输出周期蛋白基因，Cry1/2 表示隐花色素基因 1/2，Per1/2/3 表示期基因 1/2/3，E-box 表示 PAS 结构域的 E-盒子序列，CKⅡε，δ基因表示酪蛋白激酶Ⅱε，δ。

　　此外，在生物钟分子调控机制中，还存在另一个核受体 Rev-erbα（NR1D1）基因和 Rorα 基因参与的辅助反馈环（图 7 - 3）。一方面，其相应蛋白进入细胞核内抑制正向调节端的 Bmal1 基因的转录，从而降低 Bmal1 基因的表达；另一方面，在负向调节端的 Cry 基因可以抑制 Rev-erbα 基因的转录表达以增加节律振荡的稳定性和

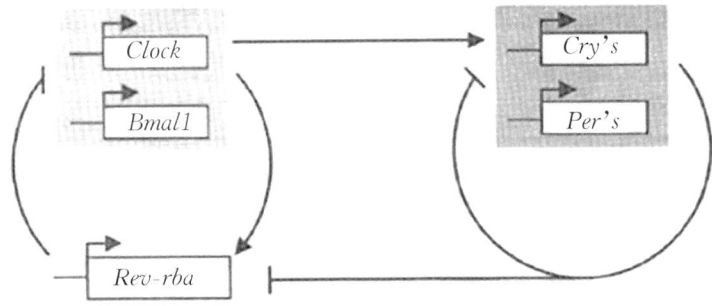

图 7 - 3　哺乳动物生物钟核心基因辅助环路模式图（引自 Guillaumond et al., 2005）

注：Bmal1 表示大脑和肌肉芳香烃受体核转位蛋白类基因，Clock 表示生理运动输出周期蛋白基因，Cry 表示隐花色素基因，Per 表示期基因，Rev-erbα 表示核受体 a 基因。

维持其生物钟功能（Guillaumond et al.，2005）。

自然界中从低等生物到高等生物，它们都能通过这种生物钟分子机制来调节自身的昼夜节律。大量研究表明，生物体生物钟分子机制一旦发生改变，则其正常的生物节律会被打乱，从而对机体的健康造成损害。因此，生物钟对维持生物体的正常节律具有十分重要的意义。

三、生物钟基因的结构及功能研究

（一）Clock 基因结构及功能研究

1994 年 Vitaterna 和他的同事发现，对小鼠进行化学诱变会导致某个基因的单个碱基发生突变，从而延长小鼠的生物钟周期，即改变了小鼠的昼夜节律，据此，他们将这个基因命名为 Clock 基因。接着，Clock 基因序列在许多生物体内被成功克隆。科学家成功克隆出小鼠 Clock 基因，并获得其 cDNA 长度大小大约为 10KB，而开放阅读框 ORF 区长度大小为 2565bp，共编码 855 个氨基酸，在其编码的氨基酸序列中存在着 1 个 bHLH 保守结构域和 2 个 PAS 蛋白结构域（PAS-A 和 PAS-B）以及富含 Q 区的 C 末端。bHLH 保守结构域的作用是介导蛋白质与蛋白质之间的相互作用，从而促进形成蛋白二聚体，而紧跟其后的 PAS 蛋白结构域主要介导其与 DNA 的结合。C 末端作为核受体的连接区，其主要作用是负责调节基因与相关受体的结合，从而起到参与转录激活的作用。而果蝇 Clock 基因的 ORF 区共编码 1015 个氨基酸，也含有 bHLH、PAS 和一个富含 Q 区的 C 末端。克隆出的东亚飞蝗 Clock 基因中，编码区序列长度为 2175bp，共编码 724 个氨基酸，共有 4 个保守区，即 1 个 bHLH 保守区、2 个 PAS 保守区和 1 个 PAC 保守区。像其他的 bHLH-PAS 家族成员一样，Clock 基因在生物信号的形成和转录中具有非常重要的作用，且在昼夜节律的调节中也比其他基因有着更为重要的作用。

（二）Bmal1/2 基因结构及功能研究

研究发现 Bmal1 基因总是与 Clock 基因以分子伴侣的形式存在，其以蛋白形式形成蛋白二聚体到结合 E-box 上，从而调控基因的节律性表达。Bmal1 基因的 cDNA 序列接着被相继克隆，1997 年科学家，成功获得人类的 Bmal1 基因，其 ORF 区可编码 626 个氨基酸。接着，又克隆出人类的 Bmal1 基因中的一个转录本 Bmal1a，其 ORF 区可编码 583 个氨基酸。接着，在 2000 年，科学家成功获得了斑马鱼的两个 Bmal 基因序列，包括 Bmal1 基因和 Bmal2 基因，其中的 Bmal1 基因 ORF 区序列长度为 1881bp，编码 626 个氨基酸，而 Bmal2 基因则有两个转录本，第一个转录本的 ORF 区序列长度为 1938bp，编码 645 个氨基酸，第二个转录本的 ORF 区序列长度为 1869bp，编码 622 个氨基酸。研究发现，Bmal1/2 基因与 Clock 基因一样，均属于 bHLH-PAS 结构域家族成员，也包含有 bHLH、PAS-A、PAS-B 结构域和具有转录激活的 C 端结构域。这些 Bmal1/2 基因在功能上可能存在重叠现象，在 Bmal1/2 基因和 Clock 基因相互结合并通过 E-box 启动基因的昼夜节律表达中发挥着重要作用，并且在参与调节脂肪代谢、糖代谢和能量平衡等方面也起着非常重要的作用。

（三）Per 基因结构及功能研究

1997 年首次克隆出了人类的 Per1 基因，ORF 区编码 1290 个氨基酸，其蛋白质分子量为 136kDa，编码区含有一个 bHLH-PAS 结构域和一个 PID 结构域（其作用是介导 Per1 基因穿越细胞膜）。该基因具有 4 种亚型（Per1－4）并在人体各类组织和器官中均有表达。接着，家蚕的 Per 基因也被成功克隆，其 cDNA 编码区编码 1113 个氨基酸，且含有 1 个 PAS 结构域、1 个 PAC 结构域、1 个 NLS 结构域和 1 个 CLD 结构域。在马德拉蟑螂中发现 Per 基因的开放阅读框编码 1276 个氨基酸，分子量为 138.7kDa，也包含一个 PAS-A 结构域、PAS-B 结构域、PAC 结构域和 C-末端结构域。最近，Per 基因在啮齿类动物被鉴定出了 3 种亚型（Per1、Per2、Per3），鸟类中被鉴定出了 2 种亚型（Per2、Per3），说明脊椎类动物中 Per 基因存在着多种亚型。在生物体内，Per 基因经转录和翻译后，形成 Per 蛋白，然后与 Cry 蛋白形成异二聚体，从而在转录-翻译反馈环的负向端发挥作用。

第二节　生物钟基因在动物中的研究概述

一、生物钟基因在鱼类中的研究概述

目前，对鱼类中生物钟核心基因的研究比较深入。研究人员已在一些模式物种如斑马鱼、红鳍东方鲀、绿河豚、青鳉等，以及一些养殖物种如欧洲鲈鱼、虹鳟鱼、大西洋鲑、大西洋鳕鱼等中都进行了生物钟相关研究。到目前为止，已经在斑马鱼中鉴定出了 3 个 Clock 基因、3 个 Bmal 基因、4 个 Per 基因和 6 个 Cry 基因等生物钟核心基因，以及这些基因在胚胎以及各组织器官中的表达节律规律和在一昼夜之间不同时间段的表达情况。如有研究报道，Per2 基因的表达峰值集中在早晨/上午，Clock 基因和 Bmal 基因则在傍晚/夜间表达最高，Cry2 基因、Cry1ba 基因和 Cry1bb 基因的表达峰值分别在清晨和晚上，而 Cry1aa 基因、Cry1ab 基因、Cry3 基因的表达峰值在中午。此外，对部分养殖鱼类，如欧洲鲈鱼、虹鳟、瓦氏黄颡鱼和大西洋鳕鱼等的昼夜钟系统的构成及基因转录特点，科

学家也有了初步研究。欧洲鲈鱼的 Per1 基因在脑、鳃、肌肉、心脏、肝脏、脂肪组织、消化道、脾脏和视网膜都有表达，且峰值大多集中于清晨。虹鳟的 clock1a 基因、Bmal1 基因和 Per1 基因在视网膜和下丘脑的表达有昼夜波动，视网膜中 Clock1a 基因和 Bmal1 基因的表达高峰比下丘脑要晚 3 小时左右，而 Per1 基因的峰值则推迟了 6 小时。瓦氏黄颡鱼的 Clock 基因在大脑、肝脏和小肠的表达呈现昼夜节律，表达高峰分别出现在 21：35、23：00 和 23：23。大西洋鳕鱼的 Bmal2 基因、Clock 基因、NPAS2 基因、Cry2 基因、Cry3 基因、Per2a 基因、NR1D1 基因及 NR1D2a 基因的表达也具有明显的昼夜节律性。

二、生物钟基因在爬行动物中的研究概述

生物钟核心基因在爬行动物方面的研究报道比较少。Moore 等（2012）对变色蜥蜴进行研究时发现，其核心节律振荡器存在于能产生褪黑素的松果体中，且这种节律具有温度补偿性。此外，光也能延迟褪黑素的相位峰值，且蜥蜴的生物钟系统具有光敏性。研究团队证实了巴西龟的新陈代谢发生节律性改变除了受呼吸模式的昼夜差异影响外，还受来自化学反射敏感性的变化影响。随后，在意大利壁蜥中，科学家成功克隆出了 Cry1 基因、Per2 基因和 Clock 基因，并将它们的 cDNA 序列和对其蛋白同源性进行了在不同组织中的表达情况的比较，特别是温度等外界环境发生变化时，生物基因的表达变化情况，发现意大利壁蜥生物钟核心基因与鸟类和哺乳类动物的同源性更近，在其不同组织中表达水平不同，且受温度变化的影响较大。Mahapatra（1986，1988）和他的研究团队设计了以 24 小时为周期的四个不同的时间间隔（06：00、12：00、18：00 和 24：00），研究光周期对成鳖和幼鳖松果体中的去甲肾上腺素和肾上腺素水平的节律表达，发现成鳖和幼鳖的松果体去甲肾上腺素和肾上腺素水平在一昼夜间具有节律性变化，且受光的影响比较大。

三、生物钟基因在其他动物中的研究概述

另外，生物钟核心基因在小鼠中研究比较多。研究者通过对 Bmal1 基因缺失的小鼠进行研究后发现，由 Bmal1 基因转录翻译后形成的 Bmal1 蛋白，在维持正常饮食周期、睡眠节律以及生殖节律等生命活动方面具有非常重要的意义。研究表明，Bmal1 基因缺失的小鼠表现出了葡萄糖稳态异常，同时 Cry1 基因和 Per2 基因也参与肝脏糖原异生作用。而在对果蝇的研究中，科学家发现有 5 种生物钟核心基因 Per、Tim、Clk、Cyc 和 Dbt 是昼夜节律反馈调节环路中的必需基因。而对两栖类动物中华大蟾蜍的生物钟核心基因表达以及外周激素水平的昼夜

节律变化情况进行研究时发现，在大蟾蜍不同组织中，生物钟核心基因的表达模式不同，如在神经视网膜组织中只有 Clock 基因具有节律表达模式，而 Bmal1 基因、Per1/2 基因和 Cry1/2 基因却不具有节律表达模式，而在脑组织中，除 Cry2 基因外，其他基因的表达水平均又呈现出明显的昼夜节律。由此可见，生物钟核心基因在不同的物种、不同的组织中表达模式具有很大的差异。

第三节　生物钟基因与肌肉、肝脏功能基因的相关性研究

一、生物钟基因与肌肉功能基因的相关性研究

以往昼夜钟系统的研究重点主要集中在动物中枢部位（如：SCN）的主钟系统构成及其功能，而外周组织（如：骨骼肌）的子钟对机体昼夜节律及生理活动影响研究还处于起步阶段。研究发现，像机体其他组织一样，肌肉组织的生理活动也具有节律振荡特征。这些生理活动受细胞内激素和代谢信号的调节而产生节律性变化，以此来适应外界环境的周期性变化。当人体昼夜节律被打乱或者肌肉外周钟基因表达异常时，其骨骼肌纤维类型将发生相应变化，如其肌节结构发生改变，线粒体呼吸作用降低而引起肌肉结构改变及功能受损等。而导致肌肉损伤的机制可能在于：骨骼肌内的外周时钟基因及其下游多个与肌肉分化相关的钟控基因（如 MyoD 家族）的表达异常，直接影响肌肉的正常发育过程。研究表明，老鼠肌肉中四个肌原性的调控转录因子（MyoD，MyoG，Myf5 和 Myf6）、盲肌样因子 1（MBNL1）、丙酮酸脱氢酶-硫辛酰胺激酶同工酶 4（PDK4）、解偶联蛋白 3（UCP3）、泛素 E3 连接酶 atrogin1（FBXO32）、肌肉特异性锌指蛋白 63（Trim63）、肌间蛋白 1（MyoM1）、肌肉抑制素（MSTN）和过氧物酶体增殖体激活受体 α（PPARα）也具有节律性震荡特征（McCarthy et al.，2007）。实验证明，小鼠的核心钟基因表达的钟蛋白 Clock 和 Bmal1 可结合到生肌调节因子 MyoD 的增强子部位促进其表达，而 Clock 和 Bmal1 基因的敲除可引起小鼠骨骼肌细胞结构和功能的缺失。大西洋鳕鱼的 MBNL1 和 Myf5 转录水平与 Clock，NR1D1 和 NR1D2 基因的表达具有正相关关系。Chatterjee 等（2013）认为老鼠肌肉中生物钟核心基因参与了 Wnt 信号通路中的转录调节机制，从而对肌肉的发育与维持具有积极作用。

二、生物钟基因与肝脏功能基因的相关性研究

越来越多的研究发现，在啮齿动物肝脏中，有 8%～15% 的基因都具有节律表达特征。生物钟核心基因通过对与肝脏中相关代谢酶、与代谢相关的核受体以

及营养效应因子的调节来实现肝脏的相关生理活动。如3-羟基-3-甲基戊二酰辅酶 A 还原酶（HMGCR）是胆固醇生物合成过程中的限速酶，在生物钟核心基因的调控下，其活性也表现出昼夜节律性，并且在夜间其活性最高。脂蛋白脂肪酶（LPL）是过氧化物酶体增殖体激活受体-α（PPARα）的作用靶点，可促进甘油三酯（TG）的分解，有研究报道 Clock 基因的表达与脂蛋白脂肪酶基因表达呈正相关。沉默调节蛋白 1（Sirt1）既是 NAD+依赖的去乙酰化酶，也是肝脏昼夜节律调节中的关键因子，能与 Clock/Bmal1 蛋白二聚体相互作用，进入到钟控基因的启动子上，从而表现出昼夜节律式振荡。Sirt1 突变的小鼠，其 Bmal1 的乙酰化、Per2 的去乙酰化都发生相应改变，暗示着 Sirt1 基因可能是昼夜节律中生物钟核心基因表达的变阻器。相关研究发现，NR1D1 基因可以抑制在肝脏脂蛋白代谢过程中起着重要作用的载脂蛋白 A1 基因（ApoA I）的表达。另外，生物钟核心基因还与许多与代谢相关的核受体基因密切相关，如 Clock/Bmal1 蛋白二聚体能通过 PPARα 启动子上的 E-BOX 元件激活其表达，反之 PPARα 也可以通过 Bmal1 启动子上的顺式作用元件来调节其转录水平。

第四节 营养因子对生物钟相关基因表达的影响

研究发现，生物钟通过调节动物体内营养代谢的相关信号而在动物的营养和代谢调控方面发挥着重要的作用。反过来，营养水平和代谢等相关信号也影响着生物钟核心基因的表达（张崇志等，2016）。因此，生物钟核心基因控制着整个生物体的代谢生命活动，如调节机体的葡萄糖和脂类的平衡等。有研究报道，5000 多个基因在棕色脂肪组织（BAT）中显示出节律性表达，包括与生物钟、脂肪代谢有关的基因。相反地，在经典生物钟核心基因被破坏的啮齿类动物中也观察到代谢异常的表型，如脂肪代谢紊乱、血管炎症、昼夜轮班的工作人员其体内的生物钟表达节律会发生明显改变。生物钟节律紊乱的小鼠常常表现为食欲增强、过度肥胖，且容易引起血液高脂高糖疾病。Reddy 等（2006）认为 Clock 基因、Bmal 基因、Per 基因和 Cry 基因等对肝脏和其他外周组织的代谢和能量平衡进行调节，而高脂血症也可以导致这些生物钟核心基因的表达和节律变化发生改变。在脂肪分化过程中，Bmal1 基因的高表达水平说明在脂肪组织中，Bmal1 参与了脂肪形成和脂类代谢的调节作用。Yang 等（2006）研究发现，在脂质代谢过程中，调控脂质代谢的一些激素或脂类能够被细胞核受体识别，引起与脂质代谢相关基因的表达改变，以此来适应机体能量代谢的需要。对小鼠骨骼肌、肝脏、脂肪中与脂质代谢相关的核受体的研究发现，具有节律性振荡的核受体就有25 个。以上研究结果均说明生物钟核心基因与脂质的代谢之间具有密切的相关性。已有研究证实，Per2 与 PPARα 和 Rev-Erbα 结合而产生相互作用，从而调节 Bmal1 基因的表达，而过氧化物酶体增殖体激活受体 γ（PPARγ）在脂肪细胞高水平表达，在介导脂类代谢及脂肪酸氧化的过程中起重要作用，特别是在脂肪细胞早期分化过程中，调控多种参与脂肪酸转运和代谢的基因转录水平。然而，营养水平对机体代谢和生物钟核心基因及重要功能基因的表达产生影响，如高脂日粮使得核受体基因 PPARγ 基因表达水平增加，继而刺激其协同因子过氧化物酶体增殖体激活受体 γ 辅激活因子 - 1α（PGC1A）基因的表达，影响 Bmal1a 基因的表达，而 PGC1A 基因对外界信号的刺激很敏感，如营养水平的改变可能导致 PGC1A 基因的表达下调，进而导致肝脏中许多生物钟核心基因节律的消失，因此科学家推测 PGC1A 基因的作用就是营养代谢与生物钟功能之间的联系纽带。有研究表明，投喂高脂日粮的老鼠，其脑组织和外周组织中的代谢生理的节律振荡受到了严重影响，如投喂高脂日粮 7 周的老鼠，其脂联素信号通路组件的生理节律振荡特性表现为阶段前移或延后。研究发现，小鼠在不同的摄食条件下，其生物钟核心基因、钟控基因以及脂质代谢相关基因的节律性表达水平也不同。综上所述，生物钟核心基因对动物营养代谢等方面起着重要的调控作用，同时，营养水平及代谢水平也影响生物钟核心基因的表达，两者既相互影响又相互适应，从而使生物体更好地适应外界环境的变化。

第五节　microRNA 在生物节律中的作用

microRNA（miRNA）是近年来在科学界逐渐受到关注的一种小片段非编码 RNA 小分子，它由 18～24 个核苷酸组成，作为一种调控因子，它主要抑制靶基因的表达。成熟的 miRNA 的 5'- UTR 区有 2～8 个核苷酸长度的序列被称为"种子序列"，且与 mRNA 的 3'- UTR 区内的核苷酸形成互补序列，来抑制翻译过程或者降解 mRNA，从而抑制靶基因的表达水平。miRNA 最先在线虫中被科学家发现，接着在脊椎动物中，科学家鉴定出了近 800 个 miRNA。它能够与其靶基因序列发生相互结合作用进而抑制靶基因的正常表达，从而发挥它的生物学功能。miRNA 在不同的细胞状态下和不同的生理病理状态下会出现不同的调节功能，即同一个 miRNA 可以同时调控多个靶基因的表达，而同一个靶基因也可以同时受到多个 miRNA 的调控。miRNA 在各种生物体中都有存在，它参与生物体的病毒防御、发育生长、细胞增殖和凋亡、脂肪代谢等功能的调控。同时 miRNA 在生物体的各种组织中调节 miRNA 的表达。研究表明，向小鼠体内注射一种寡义核苷酸使得 miRNA - 219 不表达，结果发现小鼠的行为周期延长了近两个小时，这说明其参与了生物钟核心基因的表达调控，并且预测其靶基因可能为 Bmal1 基因（Cheng et al., 2007）。而 PC12 细胞中 Clock 和 Bmal1 的共表达可以诱导 miR‑219 的表达，在缺失了 REV-ERBα 基因的小鼠肝脏中，miR‑122 的初级转录物的表达量提高了，然而其振荡规律性却丧失了，这可能表明了 REV-ERBα 对 miR‑122 的节律性转录具有调控作用。通过对小鼠 miRNA 拮抗剂的处理证明 miR‑132 抑制 Per2 基因的翻译，致使 Per2 表达上调。通过对果蝇头部 miRNA 的高通量测序，发现其基因组中有 6 个 miRNA（即 miRNA‑959‑miRNA‑964）存在振荡表达节律，miR‑279 的过表达会极大地扰乱果蝇的节律性行为，这说明 miRNA 基因受生物钟核心基因的调控，从而调节果蝇的节律性生理活动。

第八章　高脂对中华鳖肌肉生物钟相关基因节律性表达的影响

生物钟是一个进化上非常保守的周期节律机制，它具有维持生物 24 小时行为和生理的节律振荡特征。这个机制主要由一条转录-翻译反馈环路组成，即由生物钟核心基因（Clock，Bmal1/2，Per 等）组成，且在昼夜节律分子机制中起着核心调控作用。像机体其他组织一样，肌肉组织的生理活动也具有节律振荡特征。这些节律性生理活动通过许多生物钟核心基因及其重要功能基因之间的协同作用，共同调节细胞内激素和代谢信号的节律变化，以适应外界环境的周期性变化。本章旨在采用 PCR 分子克隆技术对中华鳖 Clock、Bmal2 和 Per2 基因进行克隆和序列分析，采用实时荧光定量 PCR（qRT-PCR）技术研究高脂日粮对中华鳖肌肉组织中生物钟相关基因节律表达的影响，从而为中华鳖的健康养殖提供理论数据。

第一节　高脂对中华鳖肌肉中生物钟基因节律性表达的影响

一、中华鳖 Clock、Bmal2 和 Per2 基因的克隆和序列分析

试验所用中华鳖由常德市鼎城区同心甲鱼生态养殖专业合作社提供，平均体重为 60.0（±1.0）克。我们用无菌刀片和镊子取其腿部肌肉组织用于中华鳖 Clock、Bmal2 和 Per2 基因的 cDNA 克隆和序列分析，试验材料先用液氮冷冻后，再放置于 −80 ℃的冰箱中保存。

（一）中华鳖 Clock、Bmal2 和 Per2 基因序列分析

通过克隆与测序，获得中华鳖 Clock、Bmal2 和 Per2 三个基因的 ORF 长度分别为 2553bp、1902bp 和 3888bp，分别编码 850、633 和 1295 个氨基酸。其中，Clock 基因在氨基酸序列第 34～87 处有 1 个 bHLH（basic Helix—Loop—Helix）结构域，在氨基酸序列第 107～177 处和第 285～332 处共有 2 个蛋白家族的保守结构域（PAS-A 和 PAS-B 结构域），Bmal2 基因在氨基酸序列第 79～132 处有 1 个 bHLH 结构域，在氨基酸序列第 150～215 处和第 354～403 处共有 2 个 PAS 结构域，而 Per2 基因只含有 1 个氨基酸序列在第 334～377 处的 PAS

结构域（图 8 - 1）。

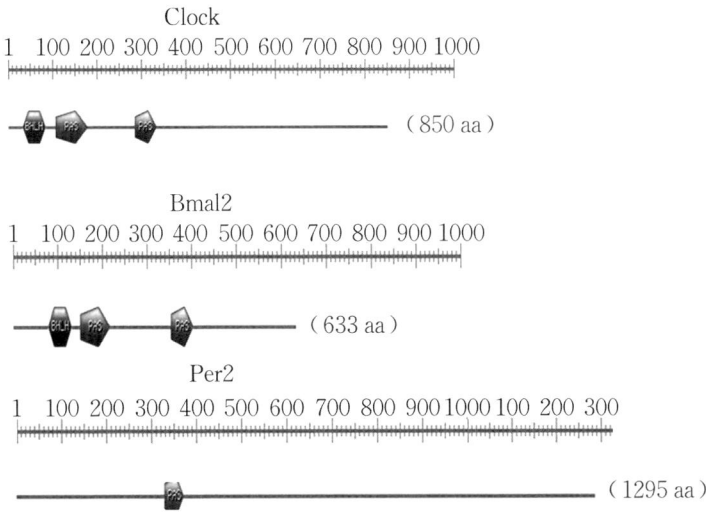

图 8 - 1　中华鳖 Clock、Bmal2 和 Per2 基因结构的示意图

（二）中华鳖 Clock、Bmal2 和 Per2 基因蛋白序列分析

1. 蛋白质一级结构分析

利用在线软件分析其蛋白质理化性质与结构特征（表 8 - 1、图 8 - 2、图 8 - 3、图 8 - 4），得出 Clock、Bmal2 和 Per2 的分子量分别为 96.33、69.52 和 143.38 kDa，等电点分别为 6.64、6.18 和 6.01，亲水性平均系数分别为 —0.66、—0.46 和 —0.58，其蛋白中包含亲水性氨基酸（天冬酰胺 Asn、半胱氨酸 Cys、谷氨酰胺 gln、酪氨酸 Tyr、苏氨酸 Thr、丝氨酸 Ser）分别为 369、225 和 479 个，疏水性氨基酸（丙氨酸 Ala、异亮氨酸 Ile、亮氨酸 Leu、苯丙氨酸 Phe、色氨酸 Trp、缬氨酸 Val）分别为 298、239 和 478 个，酸性氨基酸（天冬氨酸 Asp、谷氨酸 glu）分别为 78、80 和 159 个，碱性氨基酸（赖氨酸 Lys、精氨酸 Arg）分别为 105、89 和 179 个，说明除 Clock 蛋白偏亲水性和碱性外，其余两个（Bmal2 和 Per2）蛋白接近中性。在 20 种氨基酸中，Clock 蛋白中相对含量较高的氨基酸为谷氨酰胺（gln，12.80%）、丝氨酸（Ser，10.40%）、亮氨酸（Leu，8.40%）和苏氨酸（Thr，8.10%）；Bmal2 蛋白中相对含量较高的氨基酸为丝氨酸（Ser，10.60%）、天冬氨酸（Asp，7.90%）、甘氨酸（gly，7.70%）和亮氨酸（Leu，7.70%）；Per2 蛋白中相对含量较高的氨基酸为丝氨酸（Ser，11.70%）、亮氨酸（Leu，8.00%）、谷氨酸（glu，7.60%）和赖氨酸（Lys，7.00%）。对三个蛋白进行磷酸化位点和 N -糖基化位点分析得出，中华鳖 Clock、Bmal2 和 Per2 蛋白中丝氨酸（Ser）磷酸化修饰位点分别为 107、105

和 189 个；苏氨酸（Thr）磷酸化修饰位点分别为 56、28 和 57 个；酪氨酸（Tyr）磷酸化修饰位点分别为 9、6 和 18 个；N 型糖基化修饰位点分别为 7、3 和 8 个。

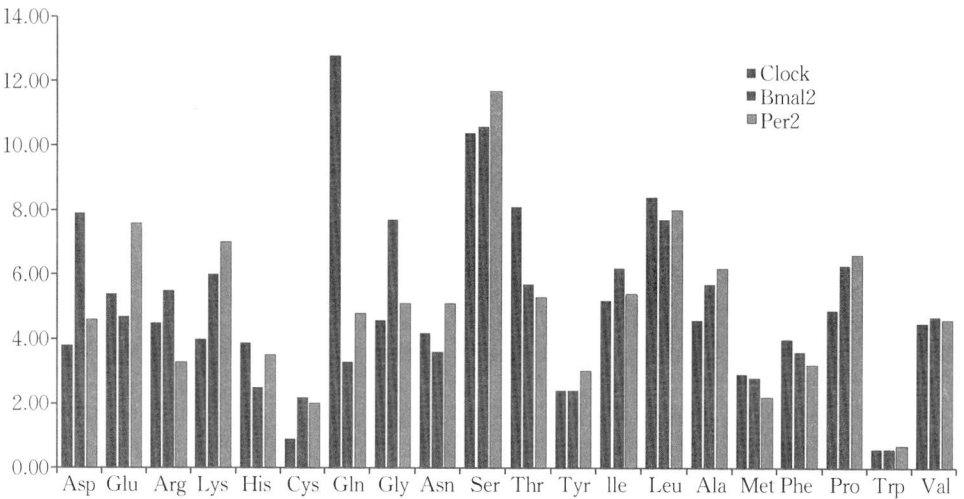

图 8-2　中华鳖 Clock、Bmal2 和 Per2 蛋白的氨基酸组分分析

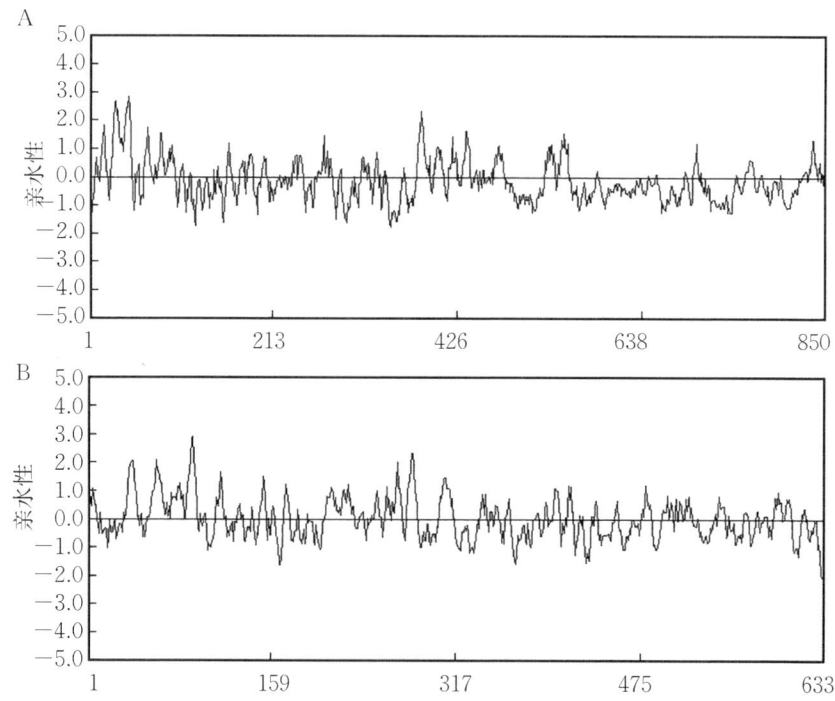

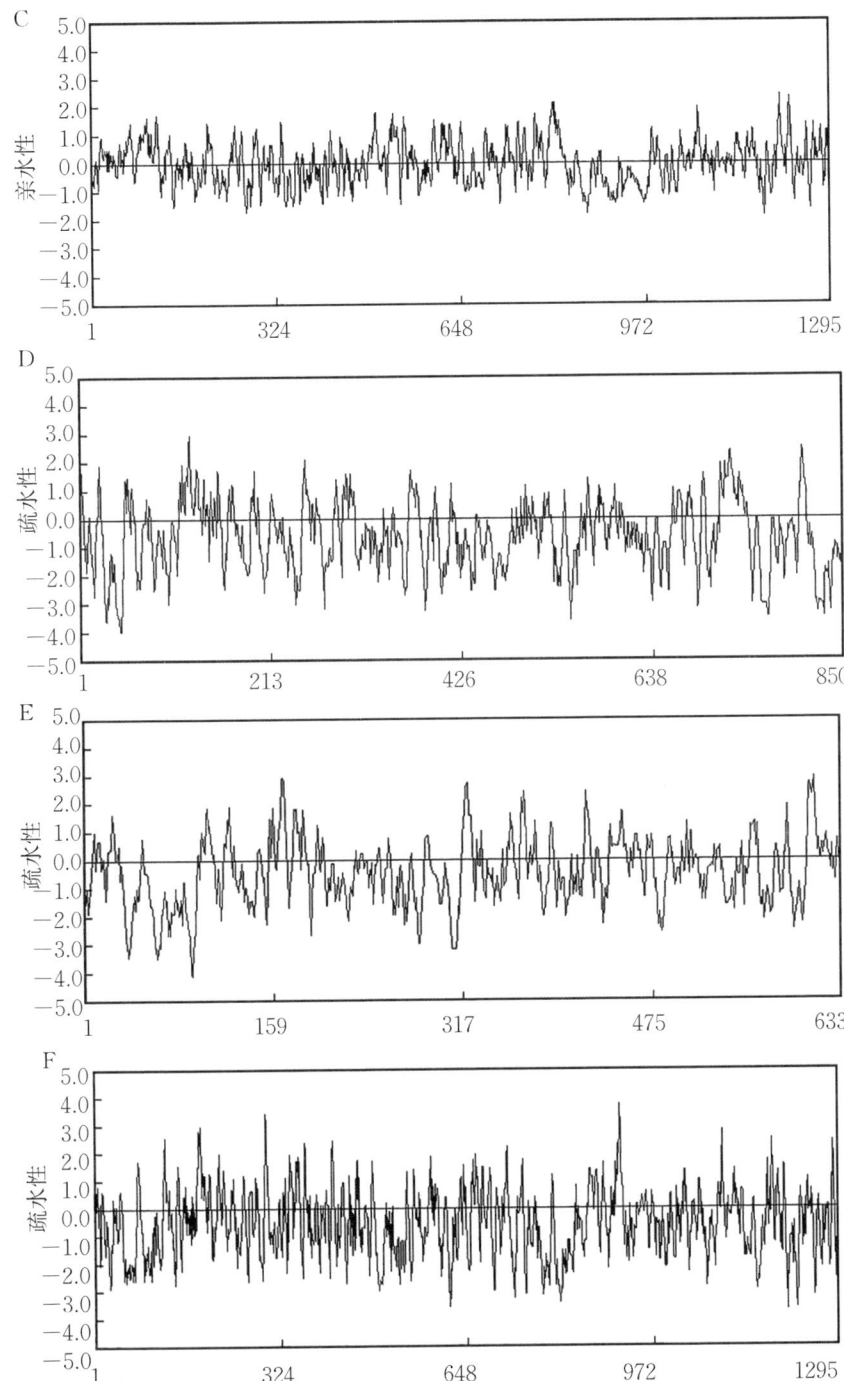

图 8 - 3　中华鳖 Clock、Bmal2 和 Per2 蛋白的氨基酸亲水性（疏水性）分析

注：A、B 和 C 分别为 Clock、Bmal2 和 Per2 蛋白的氨基酸亲水性图；D、E 和 F 分别为 Clock、Bmal2 和 Per2 蛋白的氨基酸疏水性图。

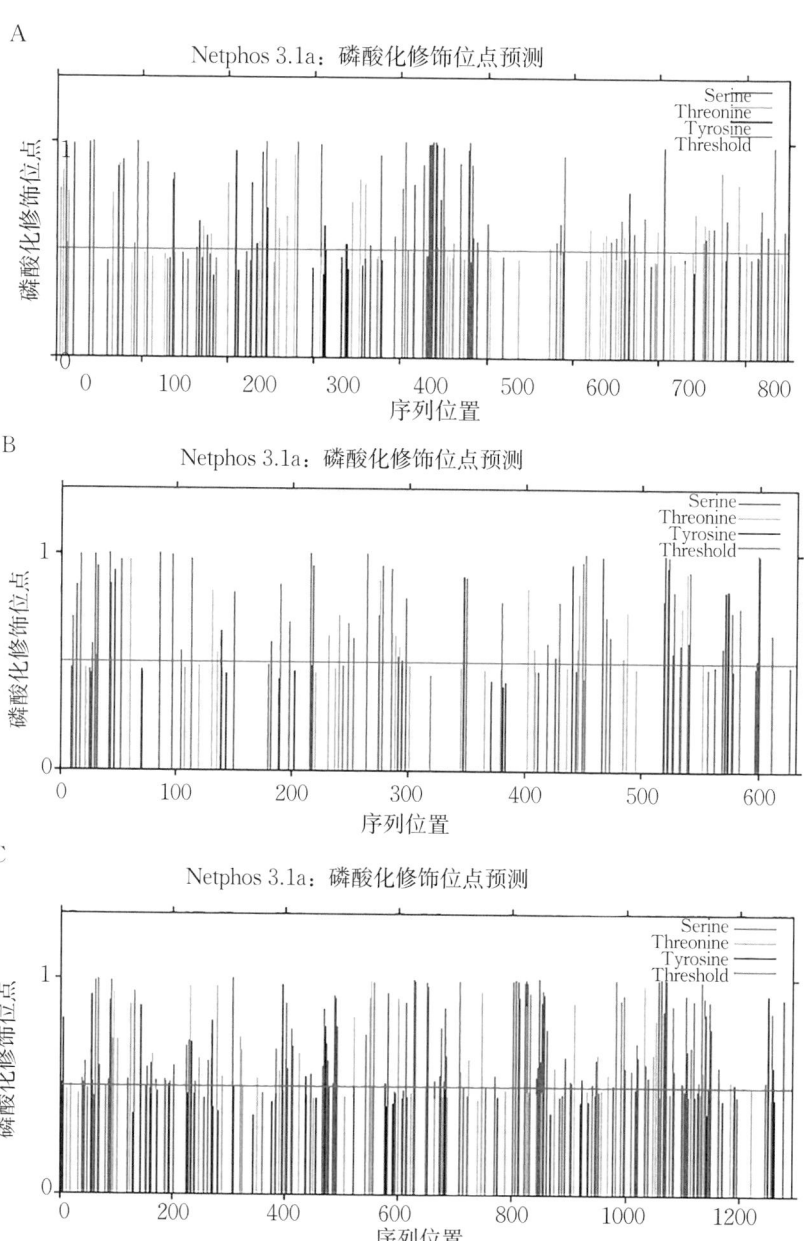

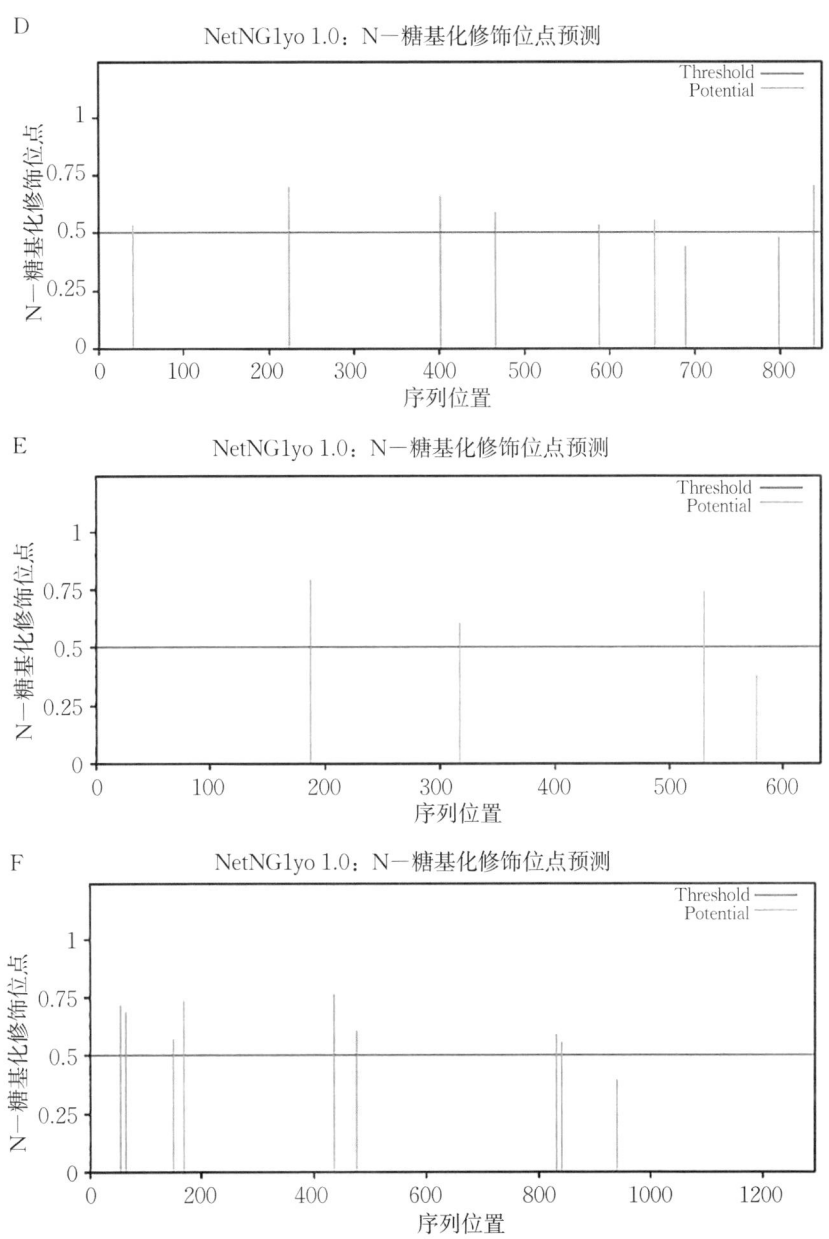

图 8-4　中华鳖 Clock、Bmal2 和 Per2 蛋白的氨基酸磷酸化修饰位点和 N-糖基化修饰位点分析
　　注：A、B 和 C 分别为 Clock、Bmal2 和 Per2 蛋白的氨基酸磷酸化修饰位点；D、E 和
F 分别为 Clock、Bmal2 和 Per2 蛋白的 N-糖基化修饰位点。

表 8-1　　中华鳖 Clock、Bmal2 和 Per2 蛋白各类氨基酸含量及氨基酸组分

氨基酸参数									
氨基酸名称	英文	缩写	特性	Clock		Bmal2		Per2	
				含量	百分含量/%	含量	百分含量/%	含量	百分含量/%
天冬氨酸	Aspartic acid	Asp(D)	酸性	32	3.80	50	7.90	60	4.60
谷氨酸	Glutamic acid	Glu（E）	酸性	46	5.40	30	4.70	99	7.60
精氨酸	Arginine	Arg（R）	碱性	38	4.50	35	5.50	43	3.30
赖氨酸	Lysine	Lys（K）	碱性	34	4.00	38	6.00	91	7.00
组氨酸	Histidine	His（H）	碱性	33	3.90	16	2.50	45	3.50
半胱氨酸	Cysteine	Cys（C）	亲水性	8	0.90	14	2.20	26	2.00
谷氨酰胺	glutamine	Gln（Q）	亲水性	109	12.80	21	3.30	62	4.80
甘氨酸	glycine	Gly（G）	亲水性	39	4.60	49	7.70	66	5.10
天冬酰胺	Asparagine	Asn（N）	亲水性	36	4.20	23	3.60	66	5.10
丝氨酸	Serine	Ser（S）	亲水性	88	10.40	67	10.60	151	11.70
苏氨酸	Threonine	Thr（T）	亲水性	69	8.10	36	5.70	69	5.30
酪氨酸	Tyrosine	Tyr（Y）	亲水性	20	2.40	15	2.40	39	3.00
异亮氨酸	Isoleucine	Ile（I）	疏水性	44	5.20	39	6.20	70	5.40
亮氨酸	Leucine	Leu（L）	疏水性	71	8.40	49	7.70	104	8.00
丙氨酸	Alanine	Ala（A）	疏水性	39	4.60	36	5.70	80	6.20
甲硫氨酸	Methionine	Met（M）	疏水性	25	2.90	18	2.80	29	2.20
苯丙氨酸	Phenylalanine	Phe（F）	疏水性	34	4.00	23	3.60	42	3.20
脯氨酸	Proline	Pro（P）	疏水性	42	4.90	40	6.30	85	6.20
色氨酸	Tryptophan	Trp（W）	疏水性	5	0.60	4	0.60	9	0.70
缬氨酸	Valine	Val（V）	疏水性	38	4.50	30	4.70	59	4.60
其他参数									
基因名称	总数	分子量/kDa	等电点/(pI)	亲水性氨基酸	疏水性氨基酸	碱性氨基酸	酸性氨基酸	亲水性平均系数	
Clock	850	96.33	6.64	369	298	105	78	−0.66	
Bmal2	633	69.52	6.18	225	239	89	80	−0.46	
Per2	1295	143.38	6.01	479	478	179	159	−0.58	

2. 蛋白质二级结构与三级结构分析

采用在线软件 PORTER 和 PSIPRED 对 Clock、Bmal2 和 Per2 蛋白进行二级结构预测（图 8-5，图 8-6 和图 8-7），发现 Clock 蛋白中 α 螺旋（alpha helix）占蛋白的 13.52%，β 折叠（beta strand）占蛋白的 10.28%，随机卷曲结构（loop）占蛋白的 76.20%，Bmal2 蛋白中 α 螺旋占蛋白的 20.87%，β 折叠占蛋白的 17.98%，随机卷曲结构占蛋白的 61.15%，Per2 蛋白中 α 螺旋占蛋白的 14.13%，β 折叠和随机卷曲结构分别占蛋白的 12.17% 和 73.70%。

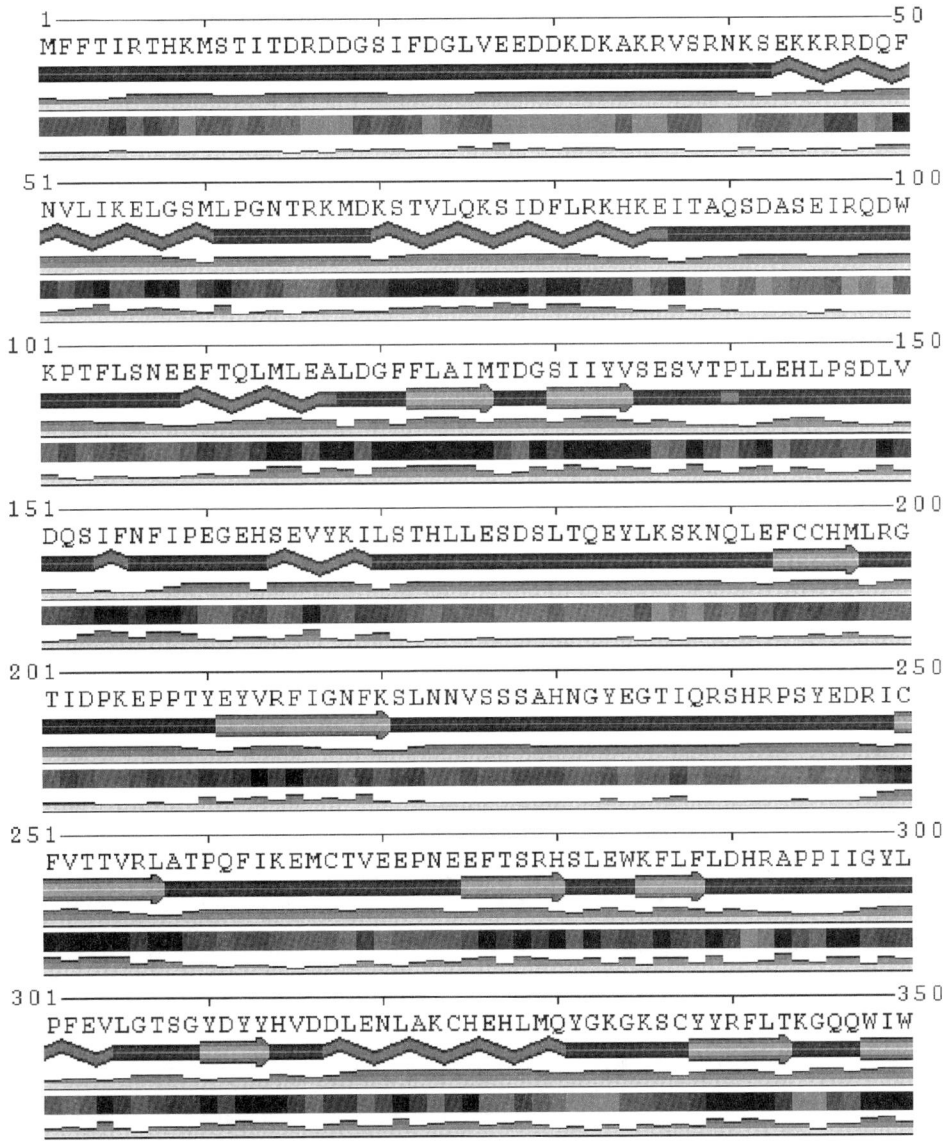

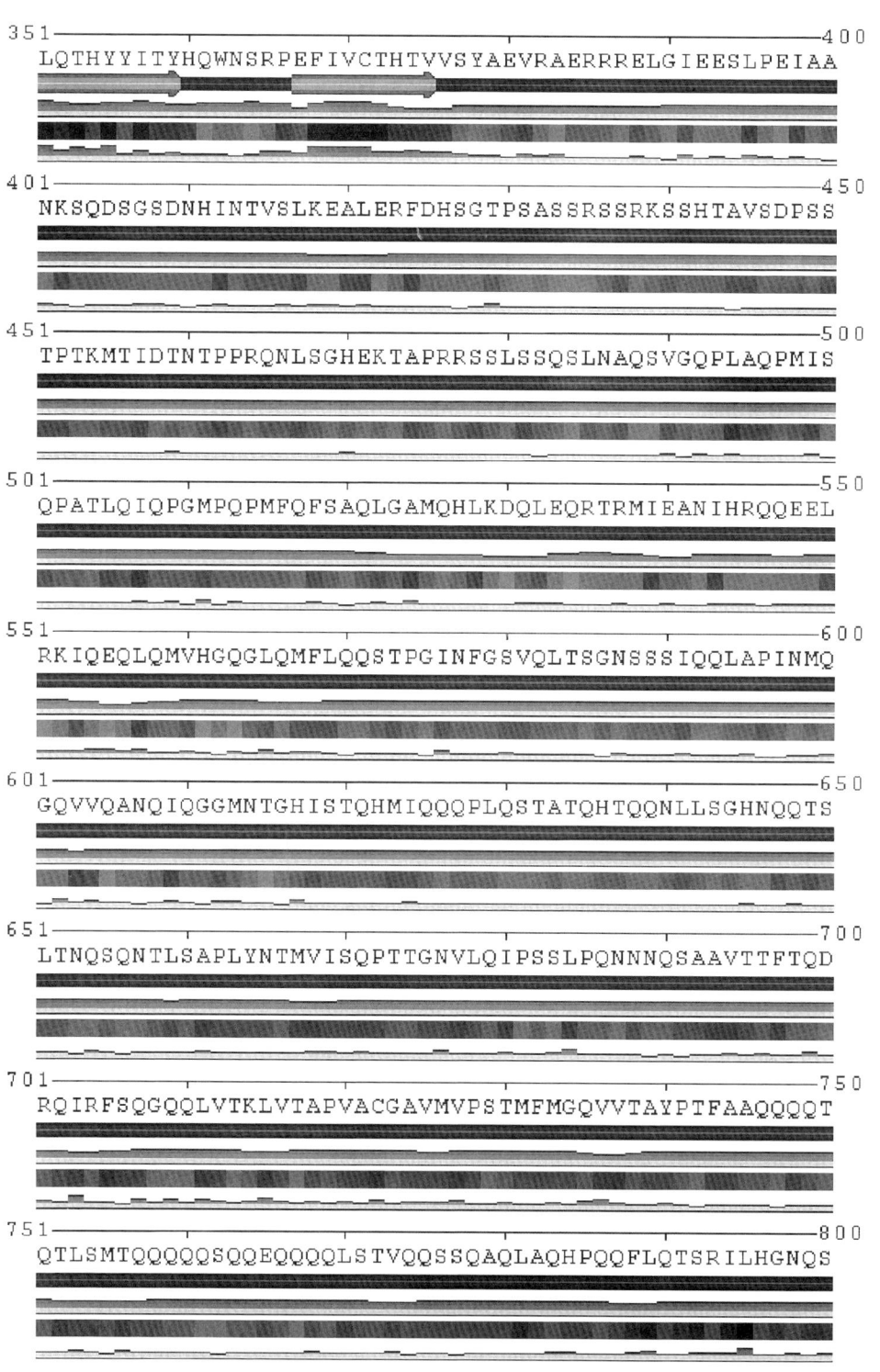

351 LQTHYYITYHQWNSRPEFIVCTHTVVSYAEVRAERRRELGIEESLPEIAA 400

401 NKSQDSGSDNHINTVSLKEALERFDHSGTPSASSRSSRKSSHTAVSDPSS 450

451 TPTKMTIDTNTPPRQNLSGHEKTAPRRSSLSSQSLNAQSVGQPLAQPMIS 500

501 QPATLQIQPGMPQPMFQFSAQLGAMQHLKDQLEQRTRMIEANIHRQQEEL 550

551 RKIQEQLQMVHGQGLQMFLQQSTPGINFGSVQLTSGNSSSIQQLAPINMQ 600

601 GQVVQANQIQGGMNTGHISTQHMIQQQPLQSTATQHTQQNLLSGHNQQTS 650

651 LTNQSQNTLSAPLYNTMVISQPTTGNVLQIPSSLPQNNNQSAAVTTFTQD 700

701 RQIRFSQGQQLVTKLVTAPVACGAVMVPSTMFMGQVVTAYPTFAAQQQQT 750

751 QTLSMTQQQQQSQQEQQQQLSTVQQSSQAQLAQHPQQFLQTSRILHGNQS 800

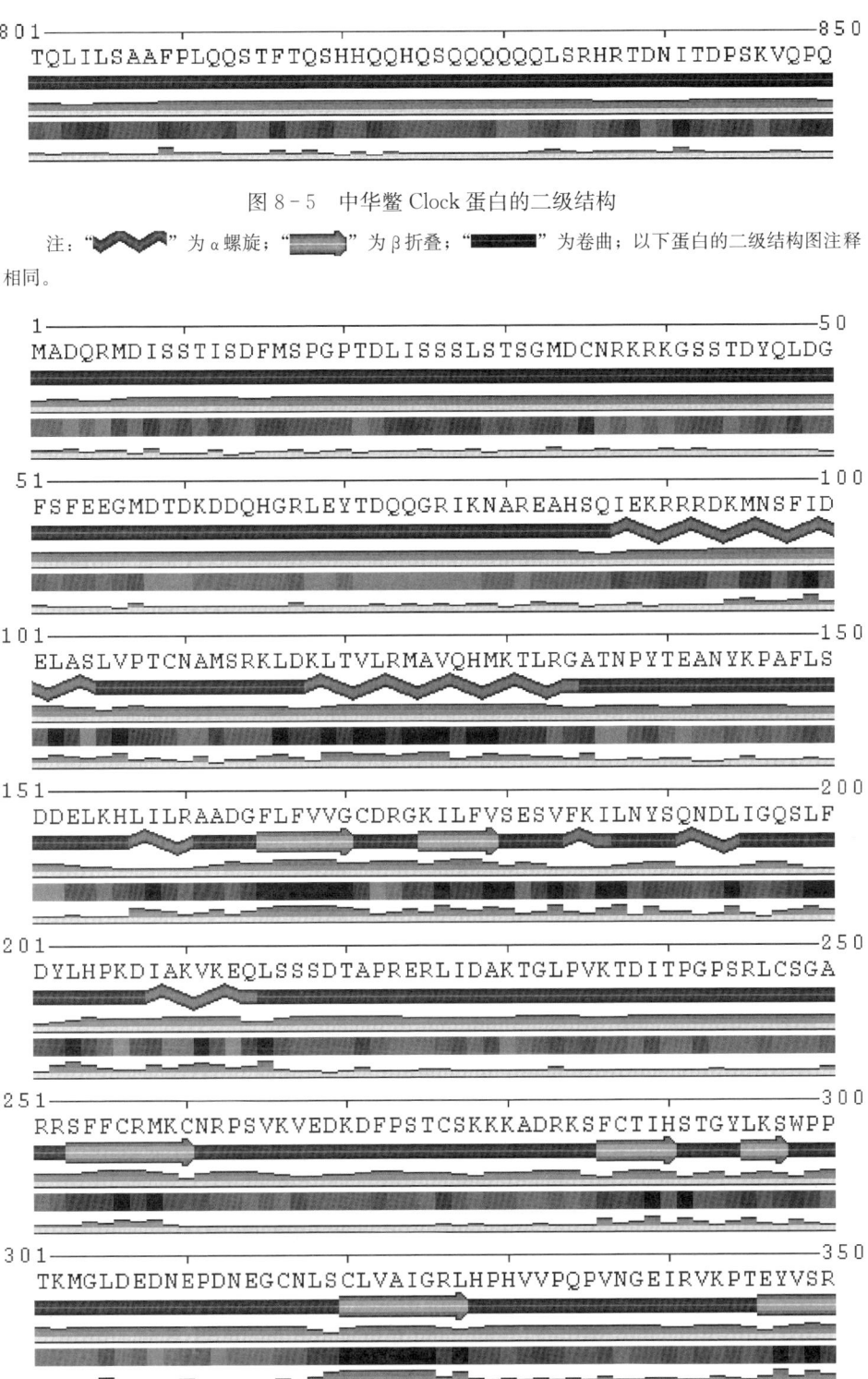

801 ── 850
TQLILSAAFPLQQSTFTQSHHQQHQSQQQQQQLSRHRTDNITDPSKVQPQ

图 8-5　中华鳖 Clock 蛋白的二级结构

注："〰〰〰"为 α 螺旋；"▭▶"为 β 折叠；"▬▬"为卷曲；以下蛋白的二级结构图注释相同。

1 ── 50
MADQRMDISSTISDFMSPGPTDLISSSLSTSGMDCNRKRKGSSTDYQLDG

51 ── 100
FSFEEGMDTDKDDQHGRLEYTDQQGRIKNAREAHSQIEKRRRDKMNSFID

101 ── 150
ELASLVPTCNAMSRKLDKLTVLRMAVQHMKTLRGATNPYTEANYKPAFLS

151 ── 200
DDELKHLILRAADGFLFVVGCDRGKILFVSESVFKILNYSQNDLIGQSLF

201 ── 250
DYLHPKDIAKVKEQLSSSDTAPRERLIDAKTGLPVKTDITPGPSRLCSGA

251 ── 300
RRSFFCRMKCNRPSVKVEDKDFPSTCSKKKADRKSFCTIHSTGYLKSWPP

301 ── 350
TKMGLDEDNEPDNEGCNLSCLVAIGRLHPHVVPQPVNGEIRVKPTEYVSR

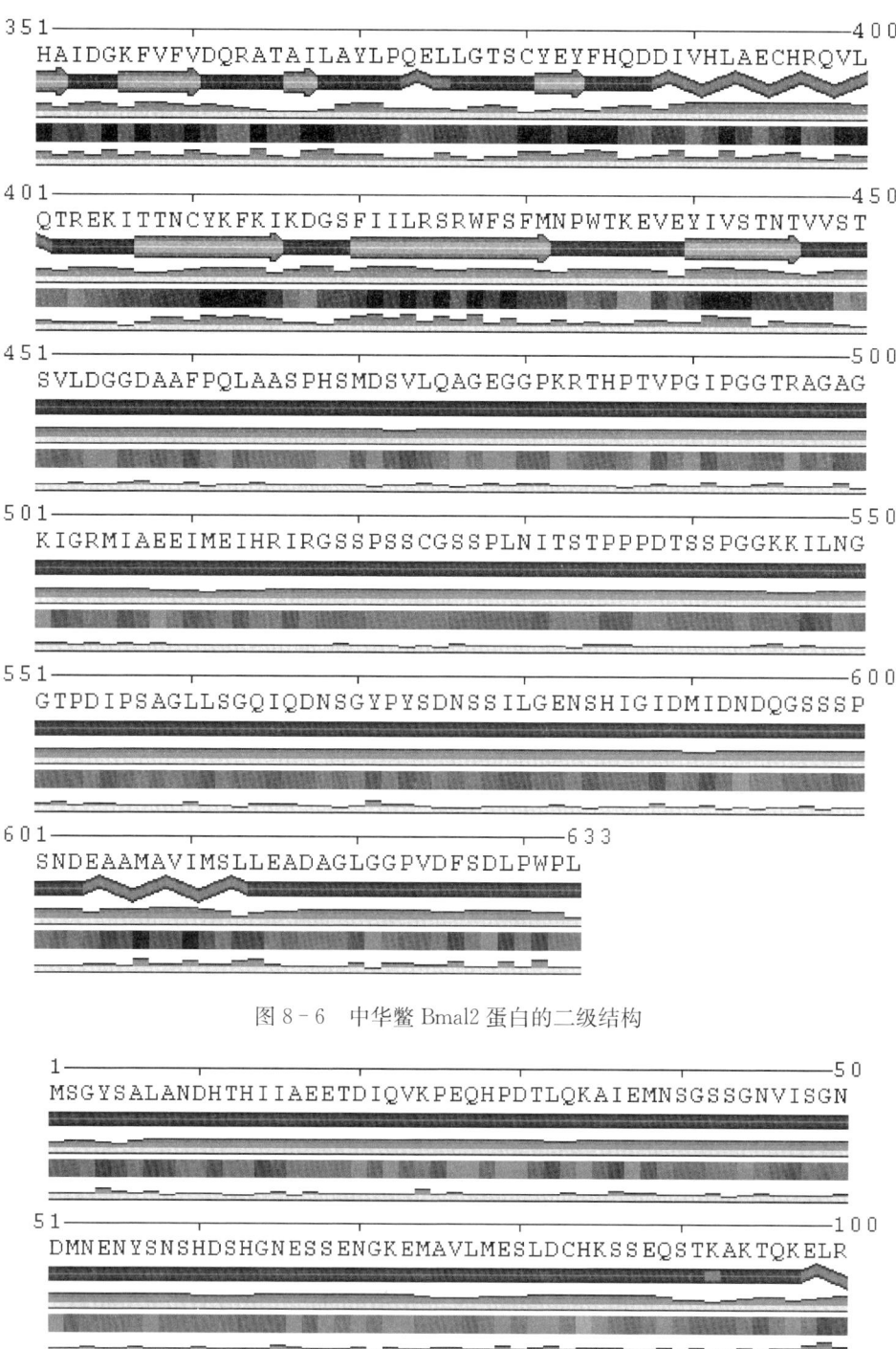

351 ————————————————————————————— 400
HAIDGKFVFVDQRATAILAYLPQELLGTSCYEYFHQDDIVHLAECHRQVL

401 ————————————————————————————— 450
QTREKITTNCYKFKIKDGSFIILRSRWFSFMNPWTKEVEYIVSTNTVVST

451 ————————————————————————————— 500
SVLDGGDAAFPQLAASPHSMDSVLQAGEGGPKRTHPTVPGIPGGTRAGAG

501 ————————————————————————————— 550
KIGRMIAEEIMEIHRIRGSSPSSCGSSPLNITSTPPPDTSSPGGKKILNG

551 ————————————————————————————— 600
GTPDIPSAGLLSGQIQDNSGYPYSDNSSILGENSHIGIDMIDNDQGSSSP

601 ——————————————— 633
SNDEAAMAVIMSLLEADAGLGGPVDFSDLPWPL

图 8-6　中华鳖 Bmal2 蛋白的二级结构

1 ————————————————————————————— 50
MSGYSALANDHTHIIAEETDIQVKPEQHPDTLQKAIEMNSGSSGNVISGN

51 ————————————————————————————— 100
DMNENYSNSHDSHGNESSENGKEMAVLMESLDCHKSSEQSTKAKTQKELR

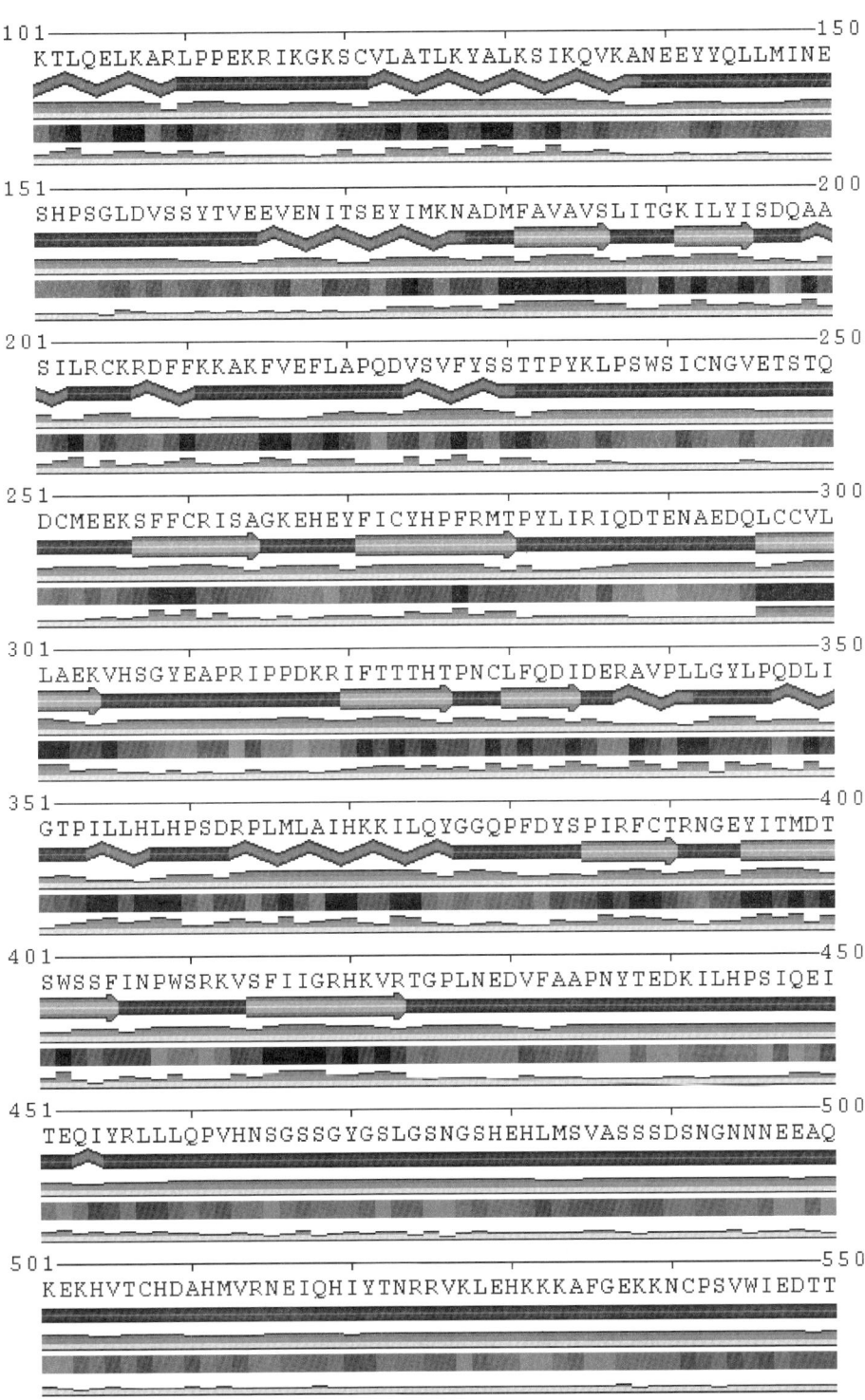

101 ———————————————————————————————— 150
KTLQELKARLPPEKRIKGKSCVLATLKYALKSIKQVKANEEYYQLLMINE

151 ———————————————————————————————— 200
SHPSGLDVSSYTVEEVENITSEYIMKNADMFAVAVSLITGKILYISDQAA

201 ———————————————————————————————— 250
SILRCKRDFFKKAKFVEFLAPQDVSVFYSSTTPYKLPSWSICNGVETSTQ

251 ———————————————————————————————— 300
DCMEEKSFFCRISAGKEHEYFICYHPFRMTPYLIRIQDTENAEDQLCCVL

301 ———————————————————————————————— 350
LAEKVHSGYEAPRIPPDKRIFTTTHTPNCLFQDIDERAVPLLGYLPQDLI

351 ———————————————————————————————— 400
GTPILLHLHPSDRPLMLAIHKKILQYGGQPFDYSPIRFCTRNGEYITMDT

401 ———————————————————————————————— 450
SWSSFINPWSRKVSFIIGRHKVRTGPLNEDVFAAPNYTEDKILHPSIQEI

451 ———————————————————————————————— 500
TEQIYRLLLQPVHNSGSSGYGSLGSNGSHEHLMSVASSSDSNGNNNEEAQ

501 ———————————————————————————————— 550
KEKHVTCHDAHMVRNEIQHIYTNRRVKLEHKKKAFGEKKNCPSVWIEDTT

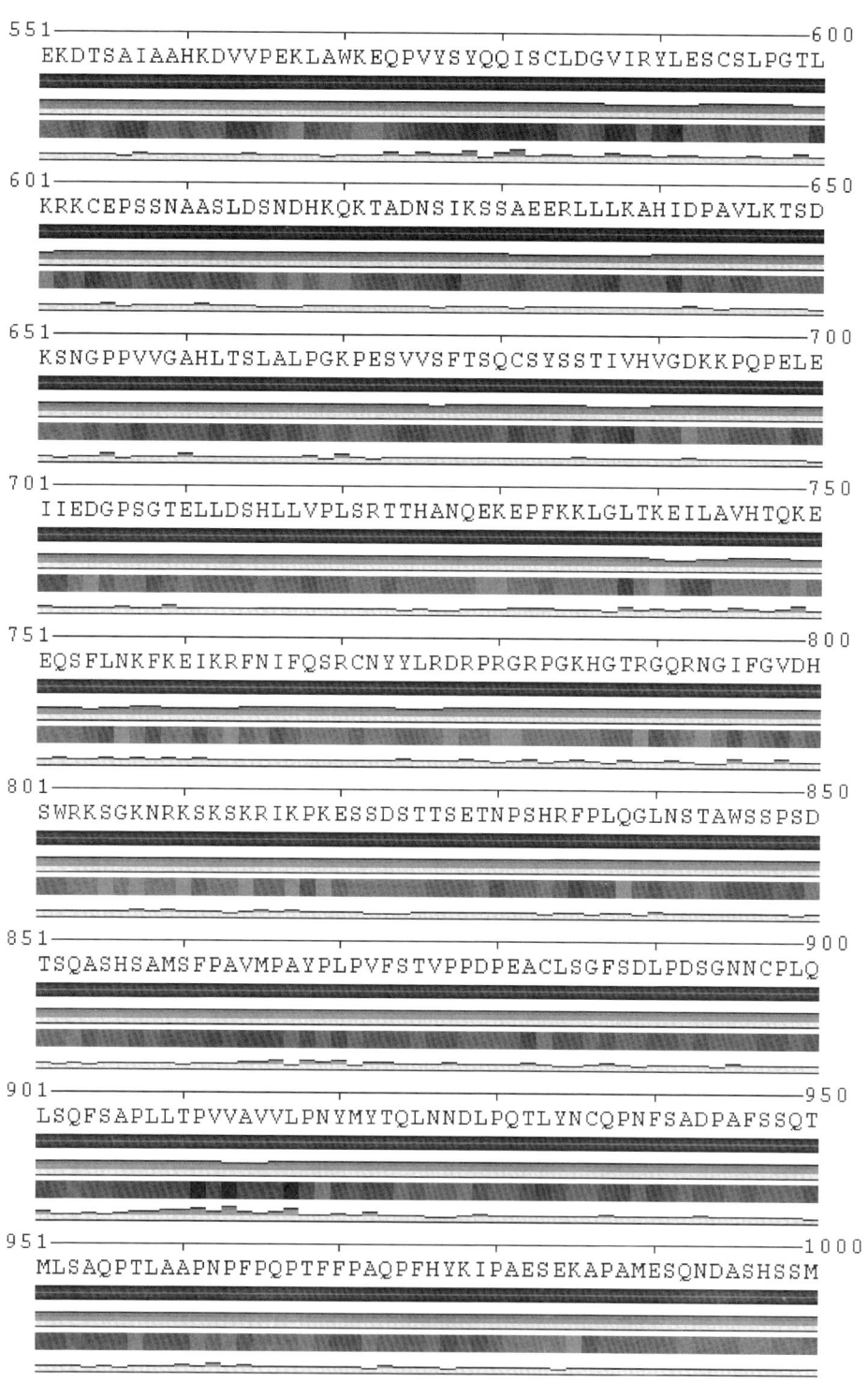

551 ——————————————————————————— 600
EKDTSAIAAHKDVVPEKLAWKEQPVYSYQQISCLDGVIRYLESCSLPGTL

601 ——————————————————————————— 650
KRKCEPSSNAASLDSNDHKQKTADNSIKSSAEERLLLKAHIDPAVLKTSD

651 ——————————————————————————— 700
KSNGPPVVGAHLTSLALPGKPESVVSFTSQCSYSSTIVHVGDKKPQPELE

701 ——————————————————————————— 750
IIEDGPSGTELLDSHLLVPLSRTTHANQEKEPFKKLGLTKEILAVHTQKE

751 ——————————————————————————— 800
EQSFLNKFKEIKRFNIFQSRCNYYLRDRPRGRPGKHGTRGQRNGIFGVDH

801 ——————————————————————————— 850
SWRKSGKNRKSKSKRIKPKESSDSTTSETNPSHRFPLQGLNSTAWSSPSD

851 ——————————————————————————— 900
TSQASHSAMSFPAVMPAYPLPVFSTVPPDPEACLSGFSDLPDSGNNCPLQ

901 ——————————————————————————— 950
LSQFSAPLLTPVVAVVLPNYMYTQLNNDLPQTLYNCQPNFSADPAFSSQT

951 ——————————————————————————— 1000
MLSAQPTLAAPNPFPQPTFFPAQPFHYKIPAESEKAPAMESQNDASHSSM

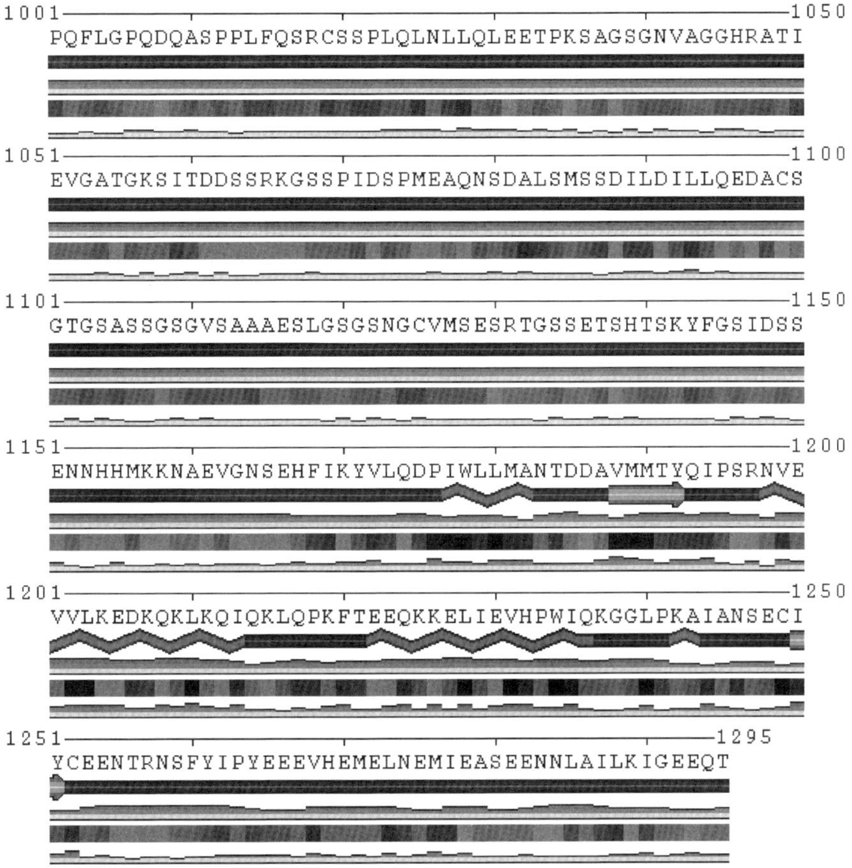

1001————————————————————————1050
P Q F L G P Q D Q A S P P L F Q S R C S S P L Q L N L L Q L E E T P K S A G S G N V A G G H R A T I

1051————————————————————————1100
E V G A T G K S I T D D S S R K G S S P I D S P M E A Q N S D A L S M S S D I L D I L L Q E D A C S

1101————————————————————————1150
G T G S A S S G S G V S A A A E S L G S G S N G C V M S E S R T G S S E T S H T S K Y F G S I D S S

1151————————————————————————1200
E N N H H M K K N A E V G N S E H F I K Y V L Q D P I W L L M A N T D D A V M M T Y Q I P S R N V E

1201————————————————————————1250
V V L K E D K Q K L K Q I Q K L Q P K F T E E Q K K E L I E V H P W I Q K G G L P K A I A N S E C I

1251————————————————————————1295
Y C E E N T R N S F Y I P Y E E V H E M E L N E M I E A S E E N N L A I L K I G E E Q T

图 8-7 中华鳖 Per2 蛋白的二级结构

采用在线软件 SWISS-MODE，以 4f3l. 1. B，4f3l. 1. A 和 4dj2.1. A 为模板，分别对 Clock、Bmal2 和 Per2 蛋白进行三级结构预测（图 8-8），结果为 Clock、Bmal2 和 Per2 的 C‐端成熟肽与其对应模板蛋白的同源性分别为 96.38%、96.78%和 63.78%。

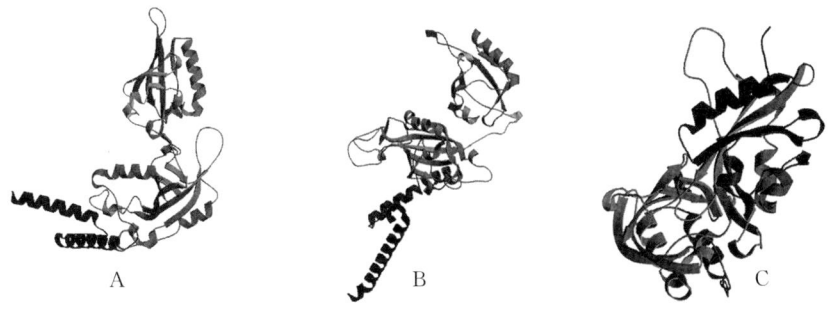

A   B   C

图 8-8 中华鳖 Clock、Bmal2 和 Per2 蛋白的预测蛋白质三级结构
注：A 为 Clock；B 为 Bmal2；C 为 Per2。

（三）中华鳖 Clock、Bmal2 和 Per2 基因分子进化分析

采用 Clustal X 和 MEGA 4.0，分析 NCBI 数据库中下载 19 个物种的 Clock、Bmal2 和 Per2 三个基因的蛋白序列，并与中华鳖进行比对然后构建系统发育树，以此阐明中华鳖 Clock、Bmal2 和 Per2 基因的分子进化关系。

图 8-9 的结果表明，中华鳖 Clock 的基因进化关系聚集成两大簇，一大簇是爬行类的其他动物，鸟类和哺乳类动物，另一大簇为两栖类和鱼类，说明中华鳖 Clock 的基因与爬行类的其他动物、鸟类和哺乳类关系更近，而与两栖类和鱼类关系要远一些。在与 19 个物种进行比对后发现，与中华鳖关系最近的物种分别是西部锦龟（*Chrysemys picta bellii*，XM_008163806.1）、绿海龟（*Chelonia mydas*，XM_007071041.1）和多疣壁虎（*Gekko japonicus*，XM_015406119.1），与其关系较近的物种分别是密西西比鳄（*Alligator mississippiensis*，XM_014594900.1）、扬子鳄（*Alligator sinensis*，XM_014517664.1）和意大利壁蜥（*Podarcis sicula*，DQ376041.1），其次是原鸽（*Columba livia*，XM_005501205.2）、红喉潜鸟（*Gavia stellata*，XM_009819246.1）、朱鹮

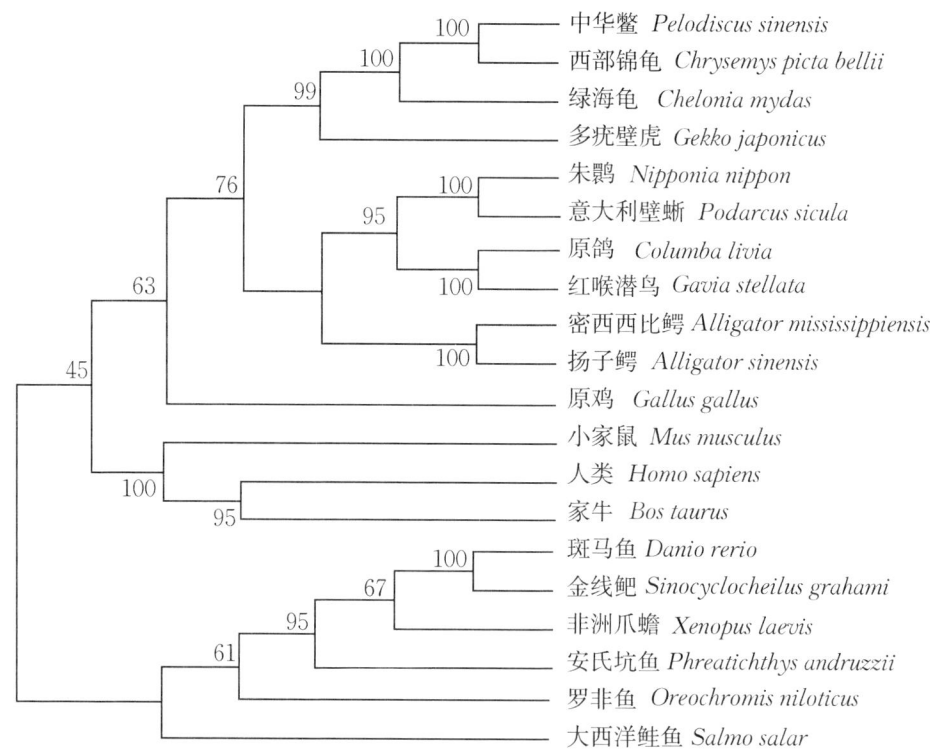

图 8-9　运用 NJ 法构建中华鳖 Clock 基因系统进化树

（*Nipponia nippon*，XM_009474247.1）、原鸡（*Gallus gallus*，AF246959.1）、小家鼠（*Mus musculus*，AF000998.1）、人类（*Homo sapiens*，AF011568.1）和家牛（*Bos taurus*，NM_001289769.1），与其关系最远的物种分别是斑马鱼（*Danio rerio*，XM_017352431.1）、金线鲃（*Sinocyclocheilus grahami*，XM_016294274）、安氏坑鱼（*Phreatichthys andruzzii*，GQ404483）、罗非鱼（*Oreochromis niloticus*，XM_005456802.2）、非洲爪蟾（*Xenopus laevis*，AF227985.1）和大西洋鲑鱼（*Salmo salar*，XM_014169007.1）。

图 8-10 的结果显示，中华鳖 Bmal2 的基因进化关系聚集成了三大簇，一大簇是以中华鳖为代表的爬行类和部分鸟类，其余两大簇是部分鸟类、哺乳类、两栖类和鱼类。这说明中华鳖 Bmal2 基因与其他爬行类动物、鸟类关系更近，而与哺乳类、两栖类和鱼类关系要远一些。在与 19 个物种比对中，与中华鳖关系最近的物种分别是西部锦龟（*Chrysemys picta bellii*，XM_005296668.2）和绿海龟（*Chelonia mydas*，XM_007063029.1），与其关系较近的物种分别是绿蜥蜴（*Anolis carolinensis*，XM_008111490.2）、密西西比鳄（*Alligator mississippiensis*，XM_019498342.1）、扬子鳄（*Alligator sinensis*，

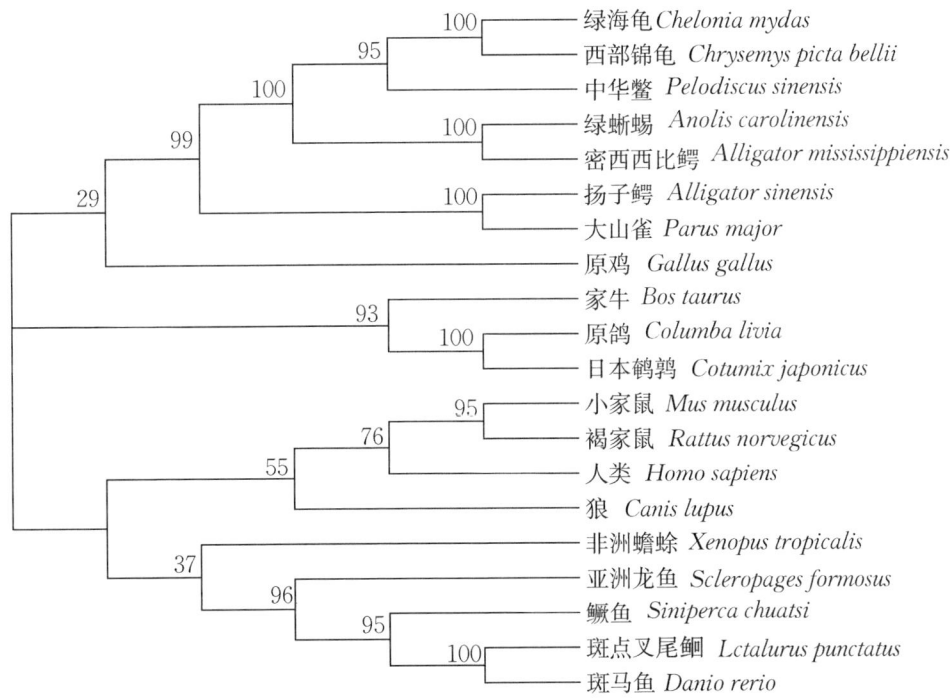

图 8-10　运用 NJ 法构建中华鳖 Bmal2 基因系统进化树

XM＿008111490.2）、大山雀（*Parus major*，XM＿015628956.2）和原鸡（*Gallus gallus*，XM＿015289880.1），与其关系较远的物种分别是家牛（*Bos Taurus*，XM＿015471221.1）、原鸽（*Columba livia*，XM＿005150635.2）、日本鹌鹑（*Coturnix japonica*，XM＿015868844.1）、小家鼠（*Mus＿musculus*，NM＿001289680.1）、褐家鼠（*Rattus norvegicus*，NM＿133391.1）、人类（*Homo sapiens*，KJ902922.1）、狼（*Canis lupus*，XM＿014108706.1）、非洲蟾蜍（*Xenopus tropicalis*，NM＿001102828.1）、亚洲龙鱼（*Scleropages formosus*，XM＿018752776.1）、鳜鱼（*Siniperca chuatsi*，KP702270）、斑点叉尾鮰（*Ictalurus punctatus*，XM＿017466564.1）和斑马鱼（*Danio rerio*，NM＿131578.1）。

从图8-11结果可以看出，中华鳖 Per2 的基因进化关系聚集成了两大簇，一大簇是以中华鳖为代表的爬行类和部分鸟类，其余两大簇是部分鸟类、哺乳类、两栖类和鱼类。这说明中华鳖 Per2 基因与其他爬行类动物和鸟类更近，而与哺乳类、两栖类和鱼类关系要远一些，但进化上没有明显的分界线。在与19

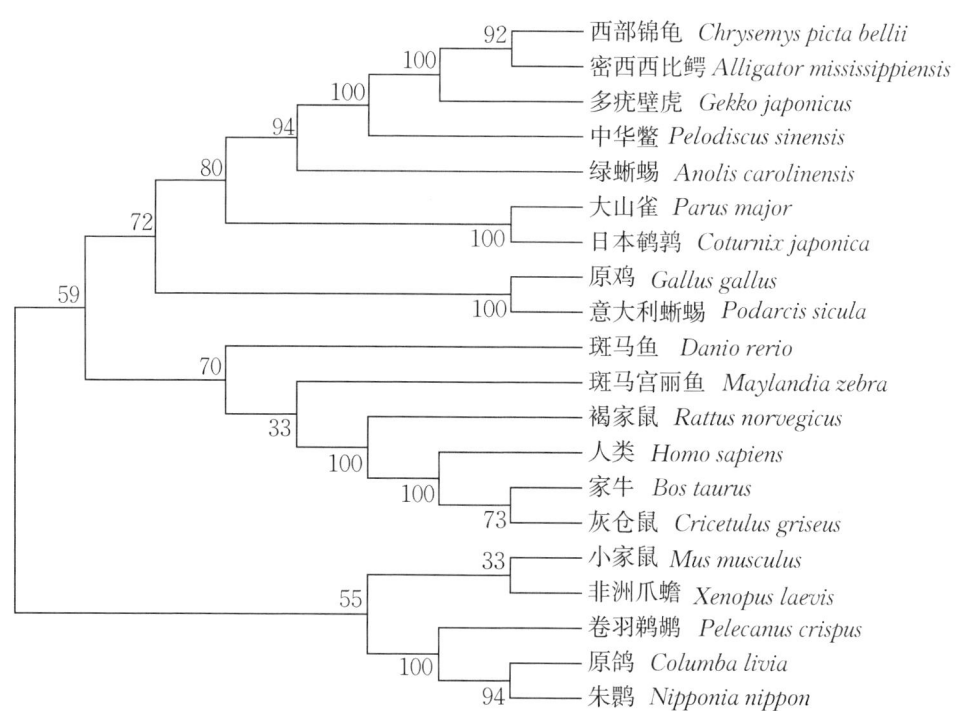

图8-11　运用 NJ 法构建中华鳖 Per2 基因系统进化树

个物种比对中，与中华鳖关系最近的物种分别是西部锦龟（*Chrysemys piCta bellii*，XM_005282505.2）、密西西比鳄（*Alligator mississippiensis*，XM_014602886.2）、多疣壁虎（*Gekko japonicus*，XM_015411265.1）和绿蜥蜴（*Anolis carolinensis*，XM_008106302.2），与其关系较近的物种分别是大山雀（*Parus major*，XM_015637543.1）、日本鹌鹑（*Coturnix japonica*，NM_001323226.1）、意大利壁蜥（*Podarcis sicula*，AY465113.2）和原鸡（*Gallus gallus*，XM_015276808.1），其次是褐家鼠（*Rattus norvegicus*，NM_031678.1）、斑马鱼（*Danio rerio*，NM_182857.2）、斑马宫丽鱼（*Maylandia zebra*，XM_014409514.1）、家牛（*Bos taurus*，NM_001192317.1）、灰仓鼠（*Cricetulus griseus*，XM_007622995.1）、卷羽鹈鹕（*Pelecanus crispus*，XM_009482134.1）、人类（*Homo sapiens*，NM_022817.2）、小家鼠（*Mus musculus*，XM_006529250.3）、原鸽（*Columba livia*，XM_005505051.2）、非洲爪蟾（*Xenopus laevis*，AF199499.1）和朱鹮（*Nipponia nippon*，XM_009477517.1）。

本研究通过克隆与测序，获得了中华鳖 Clock 基因的开放阅读框（ORF 区）序列大小为 2553bp 共编码 850 个氨基酸，Bmal2 基因的开放阅读框序列大小为 1902bp 共编码 633 个氨基酸，Per2 基因的开放阅读框序列大小为 3888bp 共编码 1295 个氨基酸。我们通过与 NCBI 数据库上的同源基因进行比对和分子进化分析，特别是对其相应蛋白的氨基酸进行了详细分析，发现 Clock、Bmal2 两个蛋白均含有 1 个高度保守的 BHLH 结构域和 2 个 PAS 保守结构域（PAS-A 和 PAS-B），而 Per2 只含有 1 个 PAS 结构域。这说明这三个基因属于转录调节因子 BHLH-PAS 家族和 PAS 家族，BHLH 结构域和 PAS 结构域是 BHLH-PAS 保守蛋白家族之间的相互作用的基础。其中，BHLH 的作用主要是形成蛋白二聚体，而 PAS 保守结构域则在蛋白质二聚化和激活转录复合物中起着重要的作用，其具体分工为：PASA 域促进蛋白质二聚化，在参与结合 DNA 中发挥作用，而 PASB 则起着配体结合域的作用，这些结构域的相互作用对维持生物体的正常节律具有非常重要的作用。Nakahata 等（2007）认为 Clock 蛋白和 Bmal1 蛋白就是通过 BHLH 结构域结合在一起来形成异源二聚体的，然后再与靶基因启动子上的 E-box 结合，同时，两个蛋白的 PAS 结构域也相互作用后结合到 DNA 上，从而影响基因的转录和翻译等过程。我们对斑马鱼 Bmal 基因和 Clock 基因序列进行分析也发现他们属于 BHLH-PAS 保守蛋白家族，BHLH 结构域和 PAS 结构域分别相互结合形成二聚体，对转录-翻译复合物的生物学活性具有十分重要的意义。

本研究通过克隆与测序，获得了中华鳖 Clock、Bmal2、Per2 三个基因的 ORF 序列，并与 NCBI 数据库进行同源性比对，在其他数据库上进行氨基酸序列分析和预测以及与其他物质的进化树分析，发现各项结果与预测结果基本符合，为下一步的实验奠定了物质基础。

二、中华鳖肌肉组织基因定量中内参基因的筛选

试验用中华鳖购自常德市鼎城区同心甲鱼生态养殖专业合作社。采取平均体重为（60.0±1.0）克、身体健康、反应灵敏的中华鳖中肌肉组织。样品采集后迅速置于液氮中保存，再转存于－80 ℃冰箱储藏备用。

实时荧光定量 PCR 技术（qRT-PCR）被公认为是一种具有敏感性和特异性强，且易于操作的 PCR 技术，在基因表达定量技术中常被称为"黄金标准"。然而，为了确保 qRT-PCR 技术定量分析的准确性，有必要消除实验过程中因 mRNA 质量变化和提高反转录的效率所带来的实验误差。目前普遍采用一种叫作"内参基因"做参照的方法进行归一化处理，以消除这种实验误差。但是这种内参基因会在不同组织类型或不同实验条件下呈现出表达差异，如生理状态、组织类型、实验治疗和物种差异等。因而，在做定量检测实验时，首先要对多个内参基因进行筛选和优化，以提高 qRT-PCR 测试的准确性和可靠性。本节选择了 RPL13、RPL19、GAPDH、18S rRNA、β-actin 和 RPS2 共 6 个内参基因（表 8－2），利用 Bestkeeper 程序、ge Norm 程序和 Norm Finder 程序对这 6 个候选内参基因在中华鳖肌肉组织的表达稳定性进行分析比较，从而优化和筛选出这两个组织中最合适的内参基因，来研究高脂日粮对中华鳖肌肉中生物钟相关基因表达的影响。

表 8－2　　　　　　　　　　　　内参基因名称与功能

简称	中文全称	英文全称	功能
GAPDH	3′-磷酸甘油醛脱氢酶	glyceraldehyde - 3 - phosphate dehydrogenase	糖酵解、糖异生及光合作用碳固定循环过程中的关键酶
18S r RNA	18S 核糖体 RNA	18S ribosomal RNA	编码真核生物核糖体小亚基的 DNA 序列
RPL13	核糖体蛋白 L13	Ribosomal protein L13	核糖体 60S 亚基的组成部分

续表

简称	中文全称	英文全称	功能
RPL19	核糖体蛋白 L19	Ribosomal protein L19	核糖体 60S 亚基的组成部分
β-actin	β-肌动蛋白	Beta actin	细胞骨架结构蛋白
RPS2	核糖体蛋白 S2	Ribosomal Protein S2	细胞凋亡诱导基因

（一）引物特异性分析

所提取的肌肉组织中总 RNA 用紫外分光光度计检测其 OD260/OD280 比值为 2.0 左右，再经 1.2% 的琼脂凝胶电泳进行检测，选取完整性良好、没有降解的总 RNA（即总 RNA 的 28S rRNA 和 18S rRNA 条带清晰，没有弥散现象）用来进行普通 PCR 实验，以此验证内参基因的引物特异性和准确性，然后再进行荧光定量 PCR 实验，若内参基因的荧光定量 PCR 的扩增曲线指数期较明显、整体平行线较好，且其对应熔解曲线的熔点峰形窄而尖锐，没有出现双峰现象，则说明产物特异性较好，符合下一步实验质量的要求（图 8-12 和图 8-13）。

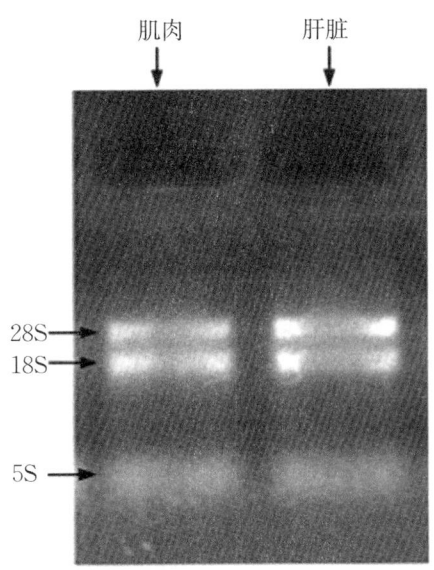

图 8-12　组织总 RNA 电泳图

注："S" 表示核糖体 RNA 的沉降系数。

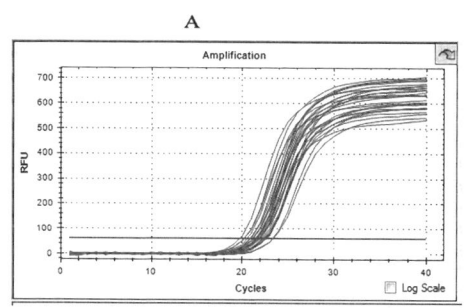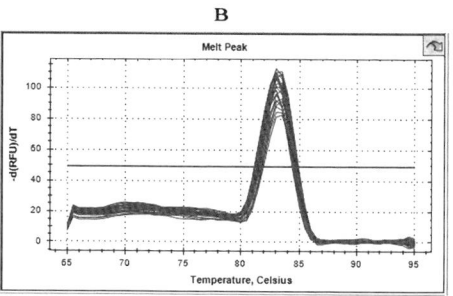

图 8-13　荧光定量 PCR 图

注：A 为荧光定量 PCR 扩增曲线；B 为荧光定量 PCR 溶解曲线图。

（二）内参基因的表达谱分析

本研究采用 qRT-PCR 技术检测肌肉 6 个内参基因表达水平，若 CT 值越大，说明该基因的表达量越低，反之，若 CT 值越小，说明该基因的表达量越高。我们随机选取肌肉组织和肝脏组织各 30 个样品进行 qRT-PCR 实验，以获得 6 种内参基因的 CT 值，然后用 SigmaPlot 10.0 和 Adobe photoshop 7.0 软件对这些（CT 值）数据进行分析和作图（图 8-14），图中的上、下四分位数分别代表样本中由小到大排列的是第 75% 的数字和第 25% 的数字，中位数代表样本中由小到大排列的是第 50% 的数字，上下线分别代表最大值和最小值。

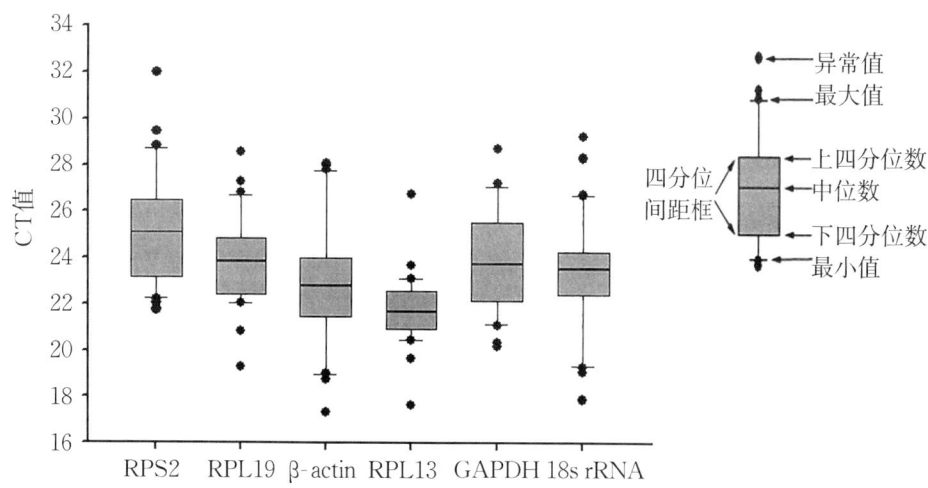

图 8-14　qRT-PCR 中 6 个内参基因的 CT 值分布箱线图

表 8 - 3　　　　　　　qRT-PCR 中 6 个内参基因 CT 值箱线图参数（肌肉）

基因名称	最大值	最小值	中位数	上四分位数	下四分位数
RPS2	28.67	22.20	25.01	26.49	23.11
β-actin	27.71	18.98	22.79	24.01	21.41
RPL13	23.05	20.34	21.68	22.53	20.89
GAPDH	26.97	21.04	23.68	25.49	21.04
RPL19	26.59	22.05	23.84	24.85	22.42
18s rRNA	26.60	19.29	23.48	24.37	22.42

表 8 - 3 和图 8 - 14 的结果显示，肌肉中 6 个内参基因的 CT 值为 18.98～28.67，其中，RPL13、RPL19 和 β-actin 的 CT 值较小，说明其在中华鳖肌肉中的表达量较高；反之，RPS2 和 GAPDH 的 CT 值相对较大，而且其表达量波动幅度比较大，说明其在中华鳖肌肉中的表达量较低且不稳定。这些结果均说明 6 个内参基因在中华鳖的肌肉中表达量各不相同，而且差别比较大。

（三）肌肉中内参基因之间稳定性比较

ge Norm 软件筛选内参基因时常用到两个参数，一是用 M 值评价其表达稳定性：即 M 值越大，基因表达越不稳定；反之，M 值越小，基因表达越稳定。二是标准化因子配对分析最适合内参基因的个数。图 8 - 15 的结果显示，通过 ge Norm 软件计算出 30 个中华鳖肌肉样本的 M 值，由大到小的顺序依次为：18S rRNA＞β-actin＞RPS2＞GAPDH＞RPL13＝RPL19，说明 RPL13 基因和 RPL19 基因的稳定性最佳，而 18S rRNA 基因的稳定性最差。通过 ge Norm 软件对 6 个内参基因进行标准化因子配对分析时，我们发现本研究中 6 个内参基因，V2 代表 RPL13 基因和 RPL19 基因，V3 代表在 V2 的基础上依次加入 GAPDH 基因，同理，V4 代表在 V3 的基础上依次加入 RPS2 基因……依次类推。本研究发现，V2/3＜0.15，因此不必引入第 3 个基因作为内参基因，即可以采用 RPL13 基因和 RPL19 基因同时作为中华鳖肌肉组织中 qRT-PCR 定量分析的内参基因。

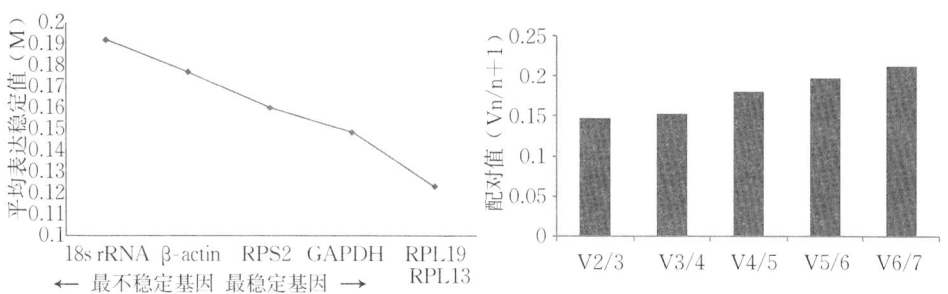

图 8-15 6 个内参基因在肌肉组织中的稳定性比较（ge Norm 分析）

Norm Finder 软件筛选内参基因时采用 S 值进行评价，即 S 值越大，基因表达越不稳定；反之，S 值越小，基因表达越稳定。图 8-16 结果表明，30 个中华鳖肌肉组织样本中 S 值由大到小的顺序依次为：RPS2＞18S rRNA＞GAPDH＞RPL19＞β-actin＞RPL13，说明 RPL13 基因和 β-actin 基因的稳定性最佳，而RPS2、18S rRNA 等基因的稳定性最差。因此，我们可以选择 RPL13 和 β-actin 这两个基因作为内参基因对中华鳖肌肉组织进行定量分析。

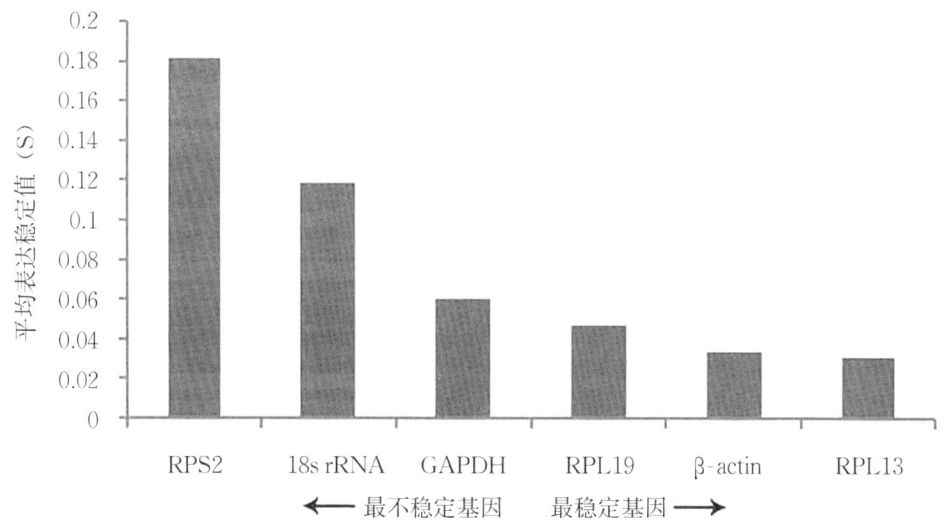

图 8-16 6 个内参基因在肌肉组织中的稳定性比较（Norm Finder 分析）

Bestkeeper 软件中，标准偏差（SD）和变异系数（C. V）越小，其内参基因表达越稳定，相关系数（r）越大，其相关性越好。表 8-4 的结果表明，30 个中华鳖肌肉组织样本中标准偏差（SD）值和变异系数（C. V）值由大到小的顺序依次为：β-actin＞RPS2＞GAPDH＞18S rRNA＞RPL19＞RPL13，说明RPL13 基因和 RPL19 基因的稳定性最佳，而 RPS2、18S rRNA 等基因的稳定性最差。而且 RPL13 和 RPL19 这两个基因的相关系数（r）也比其他四个基因要高，说明其相关性较好，因此，我们可以选择 RPL13 和 RPL19 这两个基因单独或者组合作为内参基因对中华鳖肌肉组织进行定量分析。

综合 ge Norm、Norm Finder 和 Bestkeeper 三种软件的分析结果，我们优选出 RPL13 基因作为中华鳖肌肉组织的基因定量分析。

表 8 - 4　　**Bestkeeper 软件软件分子 6 个内参基因在肌肉组织中的稳定性表达**

基因名称	标准偏差（SD）	变异系数（C. V%）	相关系数（r）
β-actin	2.01	8.8	0.552
RPS2	1.89	7.51	0.264
GAPDH	1.78	7.46	0.369
18s rRNA	1.74	7.4	0.125
RPL19	1.39	5.83	0.793
RPL13	1.03	4.75	0.606

在基因表达定量研究中获得准确、可信的实验结果是我们的首要目标。然而，实验操作、仪器运行过程中不可避免地会带来系统误差和偶然误差，从而影响实验结果。目前，qRT-PCR 实验普遍采用内参基因作为对照基因来校正这些实验误差。理想的内参基因是不受实验条件和生物体发育变化的影响，其基因表达应该维持恒定水平。但在现实的实验当中，还没有发现一种内参基因能够不受外界环境的影响，且在多个生物体不同组织中稳定表达。因此，在 qRT-PCR 实验中，选择合适的内参基因对目的基因的表达量进行校正和归一化处理已成为必然趋势。内参基因有几百种，而最常用的为 GAPDH、18S rRNA、RPL13，RPL19、RPS2、RPS3、β-actin、ACTB、TPB、HPRT 等数种。本研究选用其中最常用的 GAPDH、18S rRNA、RPL13，RPL19、RPS2 和 β-actin 6 个内参基因进行研究，利用 ge Norm、Norm Finder 与 Bestkeeper 三个软件进行筛选和优化。结果发现，对中华鳖肌肉组织进行基因表达定量时最好选用 RPL13 基因作为内参基因，而对中华鳖肝脏组织进行基因表达定量时最好选用 RPL19 基因作为内参基因。有文献报道，在丝光绿蝇的不同发育时期，18S rRNA 基因的表达水平最稳定。鲍相渤等（2011）等认为虾夷扇贝在饥饿胁迫下，在鳃、肾、血淋巴中稳定性最好的内参基因为 β-actin 基因，而受急性感染和升温试验时表现出较好的表达稳定性的内参基因为 GAPDH 基因。研究者采用 Norm Finder 与 ge Norm 两个软件对 8 个内参基因（β-actin、GAPDH、α-Tubulin、SYN1、SYN6、RPS3、RPS18 和 RPL13a）进行筛选和优化，最终确定 RPS18 和 RPL13a 作为赤拟谷盗的基因表达研究最合适的两个内参基因。RPL13 和 CYP38 被筛选为正

常生长和持续光照处理下极大节选藻节律性研究通用的内参基因。最近研究也表明，通过 ge Norm、Norm Finder、BestKeeper 和 ΔCt 法这四种筛选出 RPL19、ACTB 和 PGK1 来研究羊的颞下颌疾病中相关基因表达。RPL19 的表达稳定性又要优于 ACTB 和 PGK1 这两个基因。以上结果均表明，内参基因在某些生物体的某个组织中其表达比较稳定，而在其他组织中可能不稳定，或者在一些条件下表达比较稳定，而改变环境或者条件又将变得不稳定。因此，在做 qRT-PCR 定量实验中，根据实验材料或者实验条件的不同，筛选和优化出合适、稳定的内参基因来校正目标基因的表达水平，从而为实验结果的获得提供可靠保证。

本研究采用 ge Norm、Norm Finder、BestKeeper 三个软件，从最常用的 GAPDH、18S rRNA、RPL13，RPL19、RPS2 和 β-actin 6 个内参基因中，筛选和优化出中华鳖肌肉组织中表达最稳定的内参基因分别为 RPL13 和 RPL19，从而为肌肉组织中靶基因的 qRT-PCR 准确定量提供了可靠保证。

三、高脂对中华鳖肌肉核心生物钟基因节律性表达的影响

试验用中华鳖购自常德市鼎城区同心甲鱼生态养殖专业合作社。养殖实验在湖南省水产科学研究所进行。试验开始前，我们先对养殖水泥池进行清洗和消毒，放置一段时间后，将所购的规格接近、个体健康的中华鳖在养殖池中暂养，定制光周期为 12 小时光照：12 小时黑暗（12L：12D），实验每天从 8 点开始开灯保证光照，到晚上 8 点关灯保证黑暗进行为期 2 周的驯化实验，以适应养殖环境。实验分为两个处理组（对照组和高脂日粮组），每个处理组设 3 个重复。然后选取 180 只体重为（60.0±1.0）克的个体健康、反应灵活的中华鳖随机分配到 6 个水泥池（规格为 3.5 米×5.0 米×1.2 米）中，每个水泥池的水深 70～80 厘米，并在水面上搭置木制食台。养殖期间每天换掉的养殖水不超过 1/3，并补充经充分曝气的养殖用水，用加热棒加热保证水温恒定在（30±1）℃，保证溶解氧大于 4.0 毫克/升，氨氮小于 1.0 毫克/升，pH 为 7.5±0.5。试验饲料以脂肪含量 7.98％的饲料为实验对照组，脂肪含量 13.86％的为处理组（高脂肪组），日粮组成见表 8-5。高脂肪组中的脂肪用鱼油补充，其间两种饲料在冰箱 −20 ℃保存至投喂期。每次投喂时与水以 1：2（v/w）的比例揉成饲料团。试验期间分别在早上 10：00 和下午 5：00 进行 2 次日投喂，投饲量为体重的 3％左右达到饱食为准，为避免饲料浪费和掉入水中污染水质，需及时收集剩余饲料。本饲养试验采用完全随机设计方案。

表 8-5　　　　　　　　　　试验日粮配方和原料组成（%干物质）

项目	对照组	高脂日粮组
白鱼粉[1]	43.0	43.0
肝粉	5.5	5.5
α-淀粉	18	18.0
小麦粉	6.5	0.5
啤酒酵母	10	10.0
膨化大豆	13	13
鱼油	0	6.0
维生素混合物[2]	2	2
矿物质混合物[3]	2	2
化学组分		
干物质	93.08	93.0
粗蛋白（DM%）	43.28	42.93
粗脂肪（DM%）	7.98	13.86
粗灰分（DM%）	12.12	11.43
能量（千焦/克）	18.35	20.17

注：[1] 鱼粉：粗蛋白占干物质含量的 68.10%，粗脂肪占干物质含量的 9.35%，粗灰分占干物质含量的 21.46%。[2] 维生素混合物（克/千克）：维生素 B_1，0.025 克；维生素 B_2，0.045 克；维生素 B_6 - HCl，0.02 克；维生素 B_{12}，0.0001 克；维生素 K_3，0.01 克；肌醇，0.8 克；维生素 B_5，0.06 克；烟酸，0.2 克；叶酸，0.02 克；维生素 H，0.0012 克；维生素 A 醋酸酯，0.032 克；维生素 D_3，0.005 克；α-生育酚，0.12 克；维生素 C，2 克；氯化胆碱，2 克；微晶纤维素，14.67 克。[3] 矿物质混合物（克/千克）：NaF，0.002 克；KI，0.0008 克；$CoCl_2 \cdot 6H_2O$（1%），0.05 克；$CuSO_4 \cdot 5H_2O$，0.01 克；$FeSO_4 \cdot H_2O$，0.08 克；$ZnSO_4 \cdot H_2O$，0.05 克；$MnSO_4 \cdot H_2O$，0.06 克；$MgSO_4 \cdot 7H_2O$，1.2 克；$Ca(H_2PO_4)_2 \cdot H_2O$，3 克；沸石粉，15.55 克。

　　饲养 6 周后，从每个水泥池中随机选取 3 只中华鳖采集其腿部肌肉，即对照组和处理组各 9 只中华鳖。每次间隔 3 小时进行采集一次样品，即分别在 Zone time 为 ZT0、ZT3、ZT6、ZT9、ZT12、ZT15、ZT18、ZT21 和 ZT24 进行采集。所采集的中华鳖腿部肌肉于−80 ℃冰箱保存，以用于 RNA 的提取等实验。实验设计如图 8-17。本文采用的引物根据 GenBank 中获取的中华鳖各基因的 cDNA 全序列后，采用引物设计软件 Primer premier 5.0 进行荧光定量 PCR 反应的引物设计（表 8-6，表 8-7），并将数据发送至上海英骏生物技术有限公司进行引物合成。

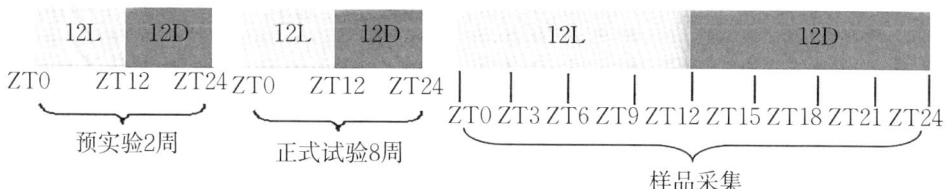

图 8-17　实验设计

注："L"表示光照，"D"表示黑暗，"ZT"表示授时因子。

表 8-6　　　　　　　　中华鳖肌肉中生物钟核心基因荧光定量引物

基因名称	中文名称	正义引物和反义引物（5′—3′）		退火温度/℃	产物大小（bp）
Clock	生理运动输出周期蛋白基因	F 5′ GTCATCGCTTAGTAGTCAGTCCTT 3′		57	187
		R 5′ TATCATTCGTGTTCTTTGCTCC 3′		57.3	
Bmal1	大脑和肌肉芳香烃受体核转位蛋白类基因 1	F 5′ GATAAAGATGACCAACACGGAAGG 3′		61.9	338
		R 5′ TCACAGCCCACAACAAACAGAA 3′		61.3	
Bmal2	大脑和肌肉芳香烃受体核转位蛋白类基因 2	F 5′ ACATTACTACCCTGTGGTTCCC 3′		57.4	287
		R 5′ GTCTCCAAGTCCTCCATTTCTG 3′		57.9	
NPAS2	神经 PAS 结构域蛋白 2 基因	F 5′ AGGCATTAGATGGCTTCGTTAT 3′		58.0	145
		R 5′ GAATGTTCTTGTTCTGGGAGGA 3′		58.3	
Tim	时基因	F 5′ TGGGAGCAGAGGCAGGAG 3′		58.8	248
		R 5′ CTGAACATGAGCGAGACGATTT 3′		59.6	
Cry1	隐花色素基因 1	F 5′ GTTGGATTCACCACCTTGCTC 3′		59.3	300
		R 5′ GTGCTGTCCAAGGCTCGTAG 3′		58.2	
Cry2	隐花色素基因 2	F 5′ CTGTTTATTGGCATCAGTCCCT 3′		58.6	154
		R 5′ CTCCTCTATTCCCTCATGTTTACG 3′		59.5	
Per1	期基因 1	F 5′ TGCGTCAAGCAGGTCCAAG 3′		60.1	167
		R 5′ GAGACAGCCACGGCAAAGG 3′		61.2	

续表

基因名称	中文名称	正义引物和反义引物（5′—3′）		退火温度/℃	产物大小(bp)
Per2	期基因2	F 5′ CACCTTCTTGTCCCTCTATCCA 3′		58.4	234
		R 5′ TCTTTGCCCACGAGTACCATG 3′		60.9	
DBP	D结合蛋白基因	F 5′ ATGAACTTTGACCCTGACCCTG 3′		60.5	136
		R 5′ GGATTTTCCGTGCCTTCTTCAT 3′		62.3	
AANAT	芳基-烷基胺-N-乙酰转移酶基因	F 5′ CCGAGGATGCAATCAGCGTA 3′		61.8	218
		R 5′ ACCGGGCTTGTGCAGAGTC 3′		60.5	
NFIL3	核因子IL-3基因	F 5′ TCTGTGGTGGGCAGTAGTTGTA 3′		58.2	291
		R 5′ ATTCACTTGTAGCAGAGGAGGG 3′		57.9	
BHLHE40	生物活性和碱性螺旋循环蛋白E40基因	F 5′ ACAGACAGTGGGTATGGAGGAG 3′		58.0	294
		R 5′ CAGCATAGGCAGATAGGCAGTT 3′		59.2	
NR1D2	细胞核受体Rev-Erbα/β基因	F 5′ CAATGGCTACCAGGGCAACA 3′		61.6	347
		R 5′ GCTTGGCAAACTCCACTACCTC 3′		60.7	
RORA	视黄酸相关的孤儿受体α基因	F 5′ CATCGGGCTTCTTCCCTTATT 3′		60.2	207
		R 5′ TTACCTCCTCTGCTTGTTCTG 3′		58.9	
RORB	视黄酸相关的孤儿受体β基因	F 5′ CTGCAAGGGTTTCTTTAGGAGG 3′		60.2	338
		R 5′ AGTAAGTGCCACCAGTTTCGTT 3′		58.4	
RORC	视黄酸相关的孤儿受体γ基因	F 5′ CTACACCAGTCCCAACTTCACCA 3′		61.5	208
		R 5′ CCGTTCCCACATCTCCTCCA 3′		62.7	

表 8 – 7　　　　　　　　中华鳖肌肉中重要肌肉功能基因荧光定量引物

基因名称	中文名称	正义引物和反义引物（5′—3′）		退火温度/℃	产物大小(bp)
FBXO32	泛素 E3 连接酶 atrogin1	F 5′ TTTATGTCCACAAGGGAAGCAC 3′		59.4	139
		R 5′ GCTATCAGCTCCAACAGCCTTA 3′		59.3	
MBNL1	盲肌样因子 1	F 5′ TATGGGTATCTGGTTGGCTGTG 3′		60.0	174
		R 5′ CAGTTACAACAGCATACAGCCTTC 3′		59.0	
MSTN	肌肉抑制素	F 5′ TGGTCCAGTGGCTCTTAATGA 3′		58.0	151
		R 5′ TTGCTCCAGACGAAGTTTGCT 3′		60.1	
Myf5	肌原性调控转录因子 f5	F 5′ CGTGGTAAATGAGCCTGGAGT 3′		59.3	200
		R 5′ TTACTGCCCGGACATCCACA 3′		61.8	
Myf6	肌原性调控转录因子 f6	F 5′ ACTTGGACGGCGAAAATGGA 3′		62.7	207
		R 5′ TGCAAGCCCAGATCAAACACT 3′		60.5	
MyoD	肌原性调控转录因子 D	F 5′ ACTGCTCCGACGGCATGTTA 3′		61.3	313
		R 5′ GTGTCCTGGGGAATCTGGGT 3′		60.6	
MyoM1	肌间蛋白 1	F 5′ GTTTGTTATCAAGCCTCGTTCC 3′		58.5	278
		R 5′ TCTTTACCACAAGGGACGCATA 3′		60.0	
PPARα	过氧化物酶体增殖体激活受体 α	F 5′ AGAGGAGGATGATCTCAGAAACC 3′		58.3	186
		R 5′ GATGCTGGTGAAAGGGTGTCTG 3′		60.8	
PDK4	丙酮酸脱氢酶-硫辛酰胺激酶同工酶 4	F 5′ CAGTCCGAAATAGACACCACGAT 3′		60.8	253
		R 5′ TTCACCACTCCCACCACATCAC 3′		62.5	
Trim63	肌肉特异性锌指蛋白 63	F 5′ ATTACCAGCCCAGCATCATCC 3′		61.3	138
		R 5′ CGCACTTCCGACACAGGTTG 3′		62.1	
MyoG	肌原性调控转录因子 G	F 5′ AGACCAACCCTTACTTCTTCCCA 3′		61.2	227
		R 5′ GGAGACCGTCTTCCTCTTGCA 3′		61.6	
UCP3	解偶联蛋白 3	F 5′ AAGACGGAGGGTCCCACAAGT 3′		62.2	280
		R 5′ CATCCACAGTCCGTTGTATTTC 3′		61.0	
RPL13	核糖体蛋白 L13	F 5′ GTCGAAATGGCATGATCCTGAA 3′		62.3	146
		R 5′ AGACACTGGGCGTGGAGCAATA 3′		64.3	

实时荧光定量 PCR 反应完成后，从 Bio-Rad CFX Manager 软件中将所有数据导出至 Excel2007 后进行初步处理，采用 $2^{-\triangle\triangle Ct}$ 法进行相对定量结果分析，其计算公式为：$\triangle\triangle Ct=$ 各时间点（$Ct_{目的基因}-Ct_{内参基因}$）－ 对照时间点（$Ct_{目的基因}-Ct_{内参基因}$）。然后用 SPSS17.0 中 one-wayANOVA、Duncan's 的多重比较检验和 Paired-SamplesT-Test 等方法进行方差及显著性分析，数据用平均值±标准误（Mean±SE，$n=9$）来表示，利用 Sigmaplot10.0 和 Adobe photoshop7.0 软件进行作图分析。每个样品均进行 3 次重复实验，以不添加样品进行 PCR 实验作为阳性对照，以 Cry1 基因为阴性对照（对照组和高脂日粮组均具有节律表达特征的代表性基因，表明其不受食物因子的影响）。

利用 SPSS 显著性差异法和余弦法相结合来分析各目的基因的节律性表达特征。余弦法分析和制图采用软件 MatLab7.0，按照 Amaral 等发表的方法来进行。其余弦拟合方程如下：$f(t)=M+A\cos(t\pi/12-\Phi)$，这里的 $f(t)$，M，A，t，Φ 分别代表给定时间段基因的表达水平、中值（波动变化的中线）、节律振荡的振幅、时间、峰值相位（表达高峰期）。MatLab7.0 统计软件中的 S 值为噪声/信号振幅比 SE（A）/A，当同时满足 MatLab7.0 软件中的 $S<0.3$ 和 SPSS 软件中的 $P<0.05$ 时，才确定该目的基因的表达具有昼夜节律振荡特征。我们用 SPSS17.0 皮尔森相关系数检验（Pearson correlation test）来分析中华鳖肌肉中生物钟核心基因与重要肌肉功能基因之间的相关性（R^2），当 $0.5\leqslant R^2<0.7$ 或 $R^2\geqslant0.7$ 说明这两个基因具有中度正相关或强正相关，而 $-0.7<R^2\leqslant-0.5$ 或 $R^2\leqslant-0.7$ 则表示这两个基因具有中度负相关或强负相关，因此，R^2 为正值表示正相关，R^2 为负值表示负相关。

为了研究高脂对中华鳖肌肉中生物钟核心基因表达的影响，本实验每个时间点均从对照组和实验组中各随机选取 9 只中华鳖来研究 17 个生物钟核心基因（Clock、Bmal1/2、NPAS2、Tim、Cry1/2、Per1/2、DBP、AANAT、NFIL3、BHLHE40、NR1D2 和 RORA/B/C）的节律表达特征。这些基因的节律表达结果见图 8-18 和表 8-8。在对照组中，中华鳖肌肉中除了 Bmal1，NPAS2，Per2 和 RORB 四个基因外，其他 13 个生物钟核心基因（包括 Clock、Bmal2、Tim、Cry1/2、Per1、DBP、AANAT、NIFL3、BHLHE40、NR1D2、RORA 和 RORC）均表现出了节律性表达模式，而在这些节律表达基因中，Clock、Tim、NFIL3 和 Cry1 四个基因为白天节律表达模式。反之，Bmal2、Cry2、DBP、NR1D2 和 RORC 等表现为晚上节律表达模式。而 Per1、BHLHE40、RORA 和 AANAT 四个生物钟核心基因的相位峰值则出现在昼夜交替期。然而，投喂高脂日粮后，这种表达模式被打破，如 Clock、Bmal2、Cry2、Per1、DBP、NFIL3、

BHLHE40 和 RORA 等这 8 个生物钟核心基因的节律性表达消失，而 Cry1 和 Tim 两个基因的相位峰值被延后了 3.88 小时和 1.31 小时，AANAT、NR1D2 和 RORC 三个基因的相位峰值则被提前了 1.41 小时、6.13 小时和 10.87 小时。有趣的是，Per2、Bmal1 和 NPAS2 三个基因不论是对照组还是处理组，都不呈现节律性表达模式。在基因 mRNA 水平上，投喂高脂日粮后，显著提高了 Tim、Per2、DBP、AANAT、NFIL3 和 RORA/B 等 7 个生物钟核心基因的表达水平（$p<0.05$）。以这 7 个基因处理组的最高表达水平为参照，则投喂高脂日粮后，显著提高了这些基因的表达水平，与对照组相比，分别提高了 2.97 倍（ZT3 小时）、3.36 倍（ZT12 小时）、10.93 倍（ZT12 小时）、2.33 倍（ZT0 小时）、5.31 倍（ZT9 小时）、13.14 倍（ZT24 小时）和 3.26 倍（ZT12 小时）。然而，Bmal1（ZT15 小时、ZT21 小时和 ZT24 小时）、Bmal2 和 Clock（ZT15 小时和 ZT21 小时）、NR1D2 和 Cry2（ZT21 小时和 ZT24 小时）、NPAS2 和 Per1（ZT18 小时和 ZT21 小时）、BHLHE40（ZT3 小时）、RORC（ZT18 小时、ZT21 小时和 ZT24 小时）的表达水平在这些时间点上（晚上）显著低于对照组（$p<0.05$），而在其他时间点上（白天）则显著高于对照组。这些数据均表明，高脂日粮显著影响了这些生物钟核心基因的节律表达（图 8 - 19）。

表 8 - 8 　　　　　　　中华鳖肌肉中生物钟核心基因的节律表达参数

基因名称	中值		振幅		Acro（S）		峰值/ZT（h）		ANOVA（p）	
	CON	HFD	CON	HFD	CON	HFD	CON	HFD	CON	HFD
Clock	1.33	1.33	0.54	0.50	0.18	0.13	2.99	5.33	<0.05	n. s.
Bmal1	0.90	1.39	0.46	0.18	0.24	0.90	18.32	13.81	n. s.	n. s.
Bmal2	1.54	2.04	1.21	0.91	0.06	0.26	13.55	13.90	<0.05	n. s.
NPAS2	1.78	3.53	0.65	0.91	0.68	0.74	1.11	3.93	<0.05	<0.05
Tim	2.66	11.95	1.76	6.31	0.25	0.07	4.78	6.09	<0.05	<0.05
Cry1	1.92	1.55	0.79	0.79	0.09	0.03	9.86	13.74	<0.05	<0.05
Cry2	0.84	0.99	0.59	0.27	0.04	0.56	22.42	15.51	<0.05	n. s.
Per1	1.45	2.53	0.29	1.13	0.29	0.25	0.88	8.48	<0.05	n. s.
Per2	1.80	3.45	0.84	1.40	0.07	0.25	7.13	10.69	n. s.	n. s.
DBP	1.82	7.41	0.99	2.67	0.09	0.44	21.65	7.54	<0.05	<0.05
AANAT	0.47	1.19	0.45	0.85	0.03	0.01	23.57	22.16	<0.05	<0.05
NFIL3	2.89	2.59	0.16	1.45	0.01	0.76	10.82	12.26	<0.05	n. s.
BHLHE40	2.05	4.84	1.05	0.97	0.18	0.50	0.38	12.62	<0.05	<0.05
NR1D2	1.04	3.02	0.62	1.53	0.17	0.28	21.32	15.19	<0.05	<0.05

续表

基因名称	中值		振幅		Acro（S）		峰值/ZT（h）		ANOVA（p）	
	CON	HFD	CON	HFD	CON	HFD	CON	HFD	CON	HFD
RORA	1.67	5.30	0.73	0.72	0.09	0.93	11.66	15.38	<0.05	<0.05
RORB	0.84	1.72	0.18	1.45	0.67	0.11	12.08	13.46	<0.05	<0.05
RORC	1.81	4.23	2.12	4.13	0.06	0.01	21.30	10.43	<0.05	<0.05

注：1. 振幅，为拟合波形峰值之间的距离的一半；中值，为周期平均值；峰值相位，周期最高幅度的时间点（弧度）；S值，噪声/信号振幅比 SE（A）/A。2. 有昼夜节律特点的基因用加粗字体表示。以下其他基因节律表达参数表格为相同注释。

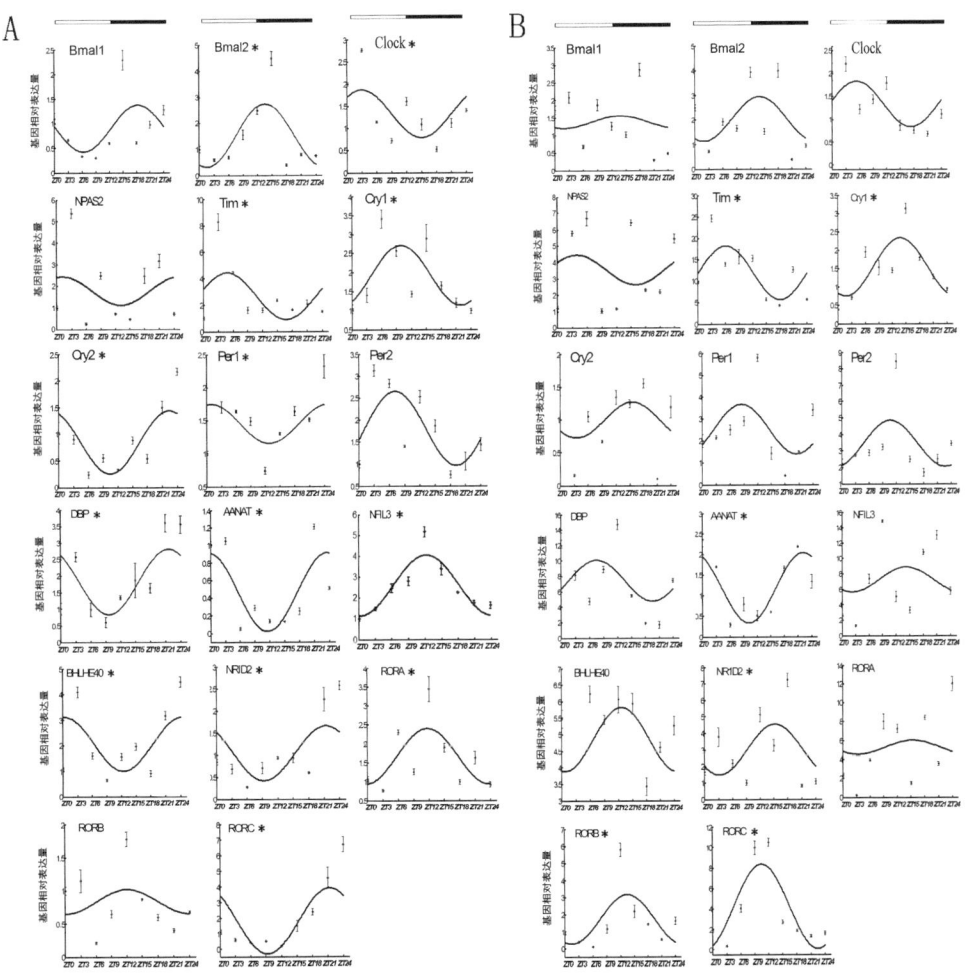

图 8-18 中华鳖肌肉中生物钟核心基因的节律表达

注："▭▬" 白色部分表示白天，黑色部分表示黑夜；A和B分别表示对照组和高脂日粮组；以下其他基因节律表达图谱为相同注释。

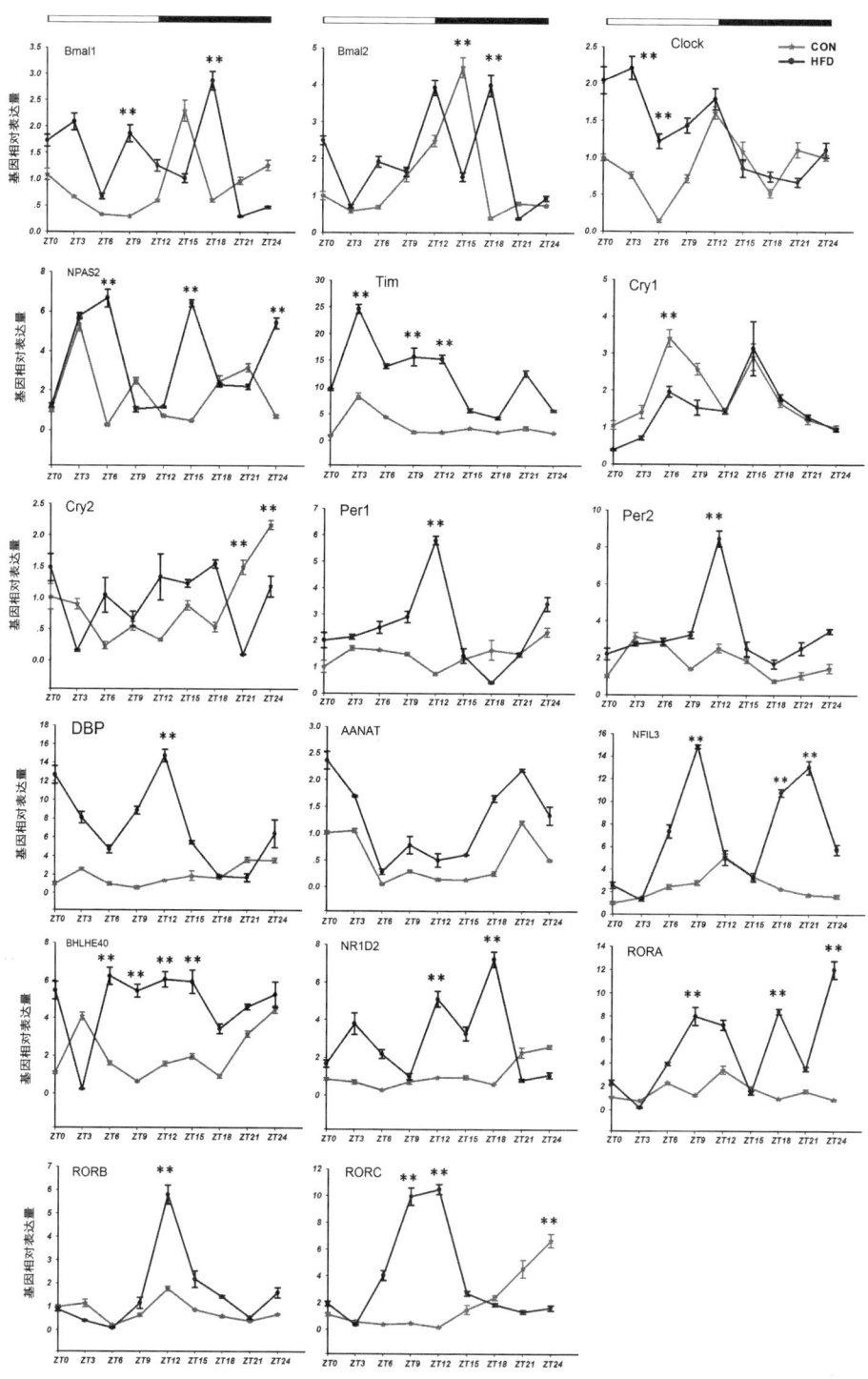

图 8 - 19　中华鳖肌肉中两个处理组生物钟核心基因 mRNA 表达比较图

四、高脂对中华鳖肌肉重要功能基因表达的影响

图 8 - 20、图 8 - 21 和表 8 - 9 研究结果表明，在 12 个重要肌肉功能基因（FBXO32、MBNL1、MSTN、Myf5、Myf6、MyoD、MyoG、MyoM1、PPARα、PDK4、Trim63 和 UCP3）中，无论是对照组还是实验组，MBNL1 和 MyoM1 这两个基因都没有出现节律性表达，而 MSTN、Myf5、MyoD、MyoG、PPARα 和 Trim63 这 6 个基因在对照组中大部分均出现相位峰值在晚上的节律性表达。但投喂高脂日粮后，这些基因的节律性表达均遭到破坏。同时，投喂高脂日粮后使得 FBXO32、Myf6 和 UCP3 三个基因的相位峰值出现提前或者延后现象，如 FBXO32 提前了 4.65 小时，其对照组振幅是高脂日粮组的 3.21 倍，而 Myf6 和 UCP3 则分别延后了 6.34 小时和 11.09 小时。与其他基因不同的是，PDK4 基因在对照组中没有节律性表达，投喂高脂日粮后反而表现出了相位峰值出现在晚上（ZT＝20.18 小时）的节律性表达特征。

表 8 - 9　　　　　　　　中华鳖重要肌肉功能基因的节律表达参数

基因名称	中值		振幅		Acro（P）		峰值/ZT（h）		ANOVA（p）	
	CON	HFD	CON	HFD	CON	HFD	CON	HFD	CON	HFD
FBXO32	1.62	4.47	1.26	4.05	**0.01**	**0.01**	19.19	14.54	＜0.05	＜0.05
MBNL1	1.85	5.97	0.38	2.14	0.54	0.28	16.17	11.72	n. s.	n. s.
MSTN	1.47	1.61	1.45	0.83	**0.02**	0.39	21.30	5.54	＜0.05	＜0.05
Myf5	0.80	0.55	0.88	0.13	**0.02**	0.66	19.86	14.70	＜0.05	＜0.05
Myf6	0.78	1.53	0.26	2.05	**0.09**	**0.01**	13.75	20.09	＜0.05	＜0.05
MyoD	1.22	1.69	0.93	0.31	**0.13**	0.22	23.75	5.68	＜0.05	n. s.
MyoG	1.02	0.82	0.45	0.25	**0.06**	0.50	11.12	9.66	＜0.05	＜0.05
MyoM1	4.36	9.90	2.84	0.53	0.23	0.96	21.69	15.08	n. s.	n. s.
PPARα	1.95	9.02	1.42	4.94	**0.09**	0.42	18.18	11.57	＜0.05	n. s
PDK4	1.56	0.65	0.58	0.96	0.57	**0.02**	18.19	20.18	n. s.	＜0.05

续表

基因名称	中值		振幅		Acro (P)		峰值/ZT (h)		ANOVA (p)	
	CON	HFD	CON	HFD	CON	HFD	CON	HFD	CON	HFD
Trim63	2.13	0.82	0.57	0.18	**0.15**	0.73	14.31	17.18	**<0.05**	<0.05
UCP3	0.88	1.33	0.34	1.77	**0.23**	**0.15**	10.30	21.39	**<0.05**	**<0.05**

与对照组相比，投喂高脂日粮后的 FBXO32、MBNL1、PPARα 和 MyoM1 各个时间点的 mRNA 水平均显著提高（$p<0.05$）。以这 4 个基因处理组的最高表达水平为参照，与对照组相比，高脂日粮处理组的 mRNA 水平分别高出 5.78 倍（ZT15 小时）、3.62 倍（ZT12 小时）、8.68 倍（ZT12 小时）和 0.94 倍（ZT9 小时）。与此相反的是，投喂高脂日粮后显著降低了 Trim63 基因的 mRNA 水平。在其他的 8 个基因（MSTN、Myf5、Myf6、MyoD、MyoG、PDK4、Trim63 和 UCP3）中，高脂日粮处理组 MSTN、Myf5 和 MyoD 三个基因的 mRNA 水平白天显著高于对照组，而晚上则反之，显著低于对照组。然而，PDK4、Myf6、MyoG 和 UCP3 这四个基因则出现了与这三个基因相反的表达模式，但 Trim63 基因不论是白天还是晚上，其处理组的 mRNA 水平均显著高于对照组（$p<0.05$）。

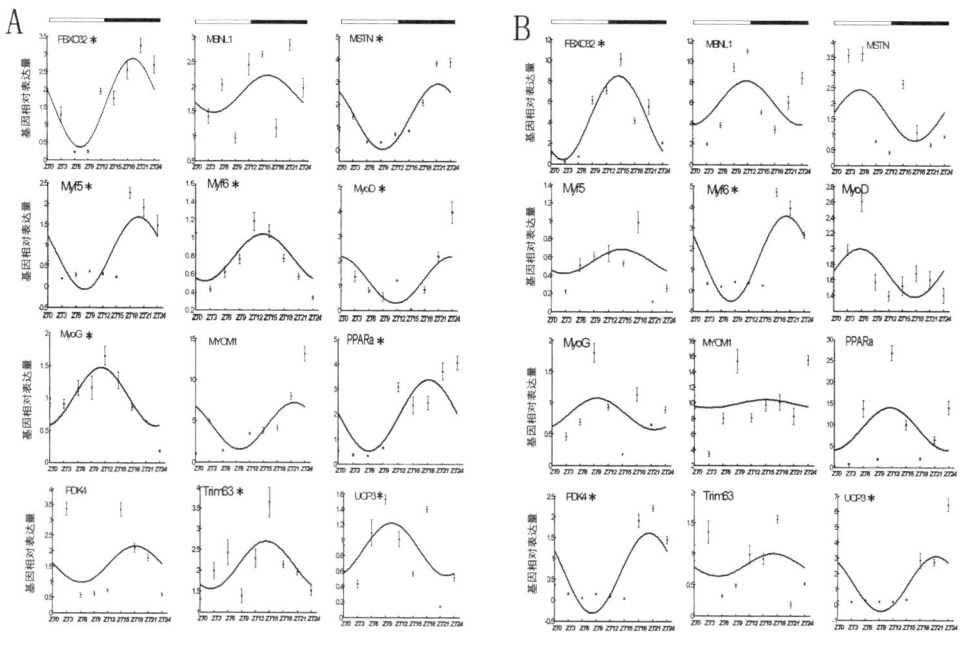

图 8-20　中华鳖重要肌肉功能基因的节律表达

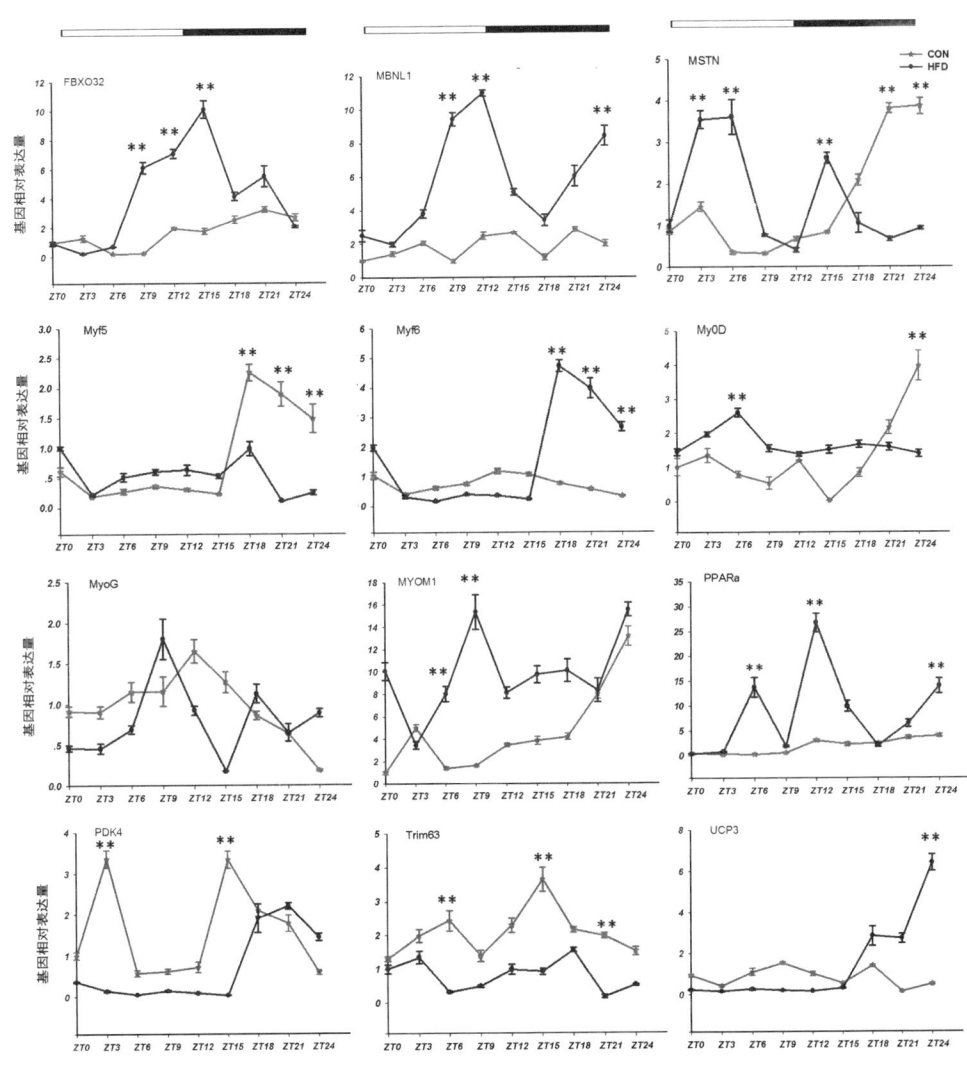

图 8-21　中华鳖重要肌肉功能基因的 mRNA 表达

第二节　中华鳖肌肉生物钟基因之间表达相关性分析

一、肌肉核心生物钟基因之间表达相关性分析

生物钟核心基因之间以及与重要肌肉功能基因之间在中华鳖肌肉中表达的相关性分析结果见表 8-8 和表 8-10。这些基因之间的相关性在两个实验组有所不同：一方面，生物钟核心基因 Clock、Bmal2 和 Cry2 之间，以及他们与 RORC、NR1D2、DBP、BHLHE40、Per1、RORA 和 AANAT 基因之间有着强度或者中度的正相关性关系（$R^2 \geqslant 0.5$），另外还有 2 对基因存在负相关（Tim vs Myf6/

UCP3，$R^2 \leqslant -0.5$）。然而，当投喂了高脂日粮后，这种基因之间的正负相关性发生了改变。即在高脂日粮处理组中，只有两个孤儿受体基因 RORB 和 RORC 存在着中度正相关关系，而 AANAT 基因与 Cry1、RORC 基因存在着中度负相关。

表 8 - 10   生物钟核心基因在中华鳖肌肉中表达的相关性分析

基因	基因	R^2	基因	基因	R^2	基因	基因	R^2
对照组								
Cry2	NR1D2	0.91	NR1D2	RORC	0.91	Cry1	AANAT	−0.67
Cry2	DBP	0.83	NFIL3	RORA	0.86	Cry1	NR1D2	−0.58
Cry2	BHLHE40	0.74	Per1	RORC	0.67	Cry1	Clock	−0.54
Cry2	Per1	0.59	Per1	BHLHE40	0.61	Cry1	DBP	−0.54
Cry2	AANAT	0.52	Per1	DBP	0.56	Cry2	NFIL3	−0.53
Bmal2	NFIL3	0.63	Per1	RORA	−0.62	Cry2	RORA	−0.50
Clock	Bmal2	0.75	DBP	BHLHE40	0.88	AANAT	NFIL3	−0.69
Clock	RORC	0.63	DBP	NR1D2	0.84	AANAT	RORA	−0.51
BHLHE40	NR1D2	0.67	DBP	RORC	0.82	Per1	NFIL3	−0.55
BHLHE40	RORC	0.62	DBP	AANAT	0.52	Bmal2	Per1	−0.59
高脂肪组								
RORB	RORC	0.63	Cry1	AANAT	−0.65	AANAT	RORC	−0.62

注：表中仅列出在中华鳖肌肉中有昼夜节律的基因。基因之间的相关性检验标准为：R^2 为正数表示正相关，R^2 为负数表示负相关；$0.5 \leqslant R^2 < 0.7$ 或 $-0.7 < R^2 \leqslant -0.5$ 为中度相关关系，$R^2 \geqslant 0.7$ 或 $R^2 \leqslant -0.7$ 为强相关关系；以下其他相关性分析表格为相同注释。

研究表明，生物体在自然环境中，其体内的"生物钟"会根据各种外界授时因子（食物、光照、温度等）信号的变化，来调节自身时相变化，从而更好地适应环境。其中光照和食物因子是外周生物钟非常有效的授时因子。目前，关于光照对生物钟时相重置影响的研究比较多，而食物因子特别是高脂食物的影响研究比较少。近年来，随着人们对水产品消费需求的增多，水产养殖者受利益的驱动，盲目提高饲料中的脂肪水平来提高经济效益。研究表明，高脂日粮可以改变甚至破坏生物机体内的生物钟系统，从而导致动物疾病的发生。因此，本研究以中华鳖为研究对象，研究食物因子（高脂日粮）对其肌肉组织中生物钟基因及重要功能基因节律表达的影响。为了达到实验只受单一因素——食物因子的影响，本研究遵循自然光的昼夜规律，定制与自然环境相当的 LED 灯环境下的光周期为 12（光）：12（暗环境），以排除外界其他因素的影响。

最近的研究表明，饲喂高脂肪日粮可以改变小鼠肌肉中的生理节律特征和基因表达特征。然而，关于中华鳖生物钟核心基因与重要肌肉功能基因的节律表达及相关性分析未见报道。本研究采用余弦分析法对中华鳖肌肉中 17 个生物钟核心基因的节律表达进行研究，发现高脂日粮打乱了生物钟核心基因与重要肌肉功能基因的节律性表达模式。我们的研究表明，对照组中，有 13 个生物钟核心基因（Clock、Bmal2、Tim、Cry1/2、Per1、DBP、AANAT、NIFL3、BHLHE40、NR1D2、RORA 和 RORC）具有节律性表达特征。与我们的研究结果相类似的是，在哺乳动物的骨骼肌中，Clock、Bmal1、Per1/2/3、Cry1/2、NR1D1/2 和 RORA 等基因也具有节律振荡特点。据报道，大西洋鳕鱼的骨骼肌中 Bmal1 基因具有激活转录-翻译负反馈环中的 Per/Cry 基因的生物学活性从而完成机体节律性振荡这一生理功能的作用。然而，本研究中，与 Miller（2007）研究结果相反的是，中华鳖肌肉生物钟核心基因——Bmal1 基因不具有节律振荡性特征，且 Bmal2 基因与 Per1 基因具有显著的负相关性。因此，我们推测这种节律振荡机制不完全是由 Bmal1 基因来调控的，而是有可能由它的旁系基因Bmal2 来替代 Bmal1 基因的功能而起到调控作用。研究表明，食物因子在生物钟核心基因的节律性表达中起着非常重要的作用。投喂高脂日粮可以改变老鼠骨骼肌中生物钟核心基因的节律性表达及他们的相关关系。本研究中投喂高脂日粮改变了中华鳖肌肉中 Clock、Bmal2、Cry2、Per1、DBP、NFIL3、BHLHE40 和 RORA 等 8 个生物钟核心基因的节律性表达，且高脂日粮处理组的中华鳖骨骼肌中 Tim、Cry1、AANAT、NR1D2 和 RORC 等基因的相位峰值被提前或延后了几小时，这与 Barnead 等（2009）的研究结果相一致。研究发现，饲喂高脂日粮的老鼠，其转录-翻译反馈环中的三个核心生物钟核心基因（包括 Clock、Bmal1和 Per2）的相位峰值发生了位移。而本研究中相位峰值发生改变的基因不仅有转录-翻译反馈环中的核心生物钟，也有辅助环中生物钟核心基因，说明高脂日粮不仅可以改变中华鳖骨骼肌两个正负反馈环的节律生理活动，同时也能影响辅环中生物钟核心基因的节律表达。除了 Cry1 基因，其余 16 个生物钟核心基因（即CLOCK、Bmal1/2、NPAS2、Tim、Cr2、Per1/2、DBP、AANAT、NIFL3、BHLHE40、NR1D2、RORA、RORB 和 RORC）在投喂高脂日粮后，其在白天的 mRNA 水平得到了显著提高，但 Bmal1、Clock、Cry2、NR1D2 和 RORC 这5 个生物钟核心基因在晚上的 mRNA 水平反而降低了，这与 Kohsaka 等（2007）报道相反。该研究发现高脂日粮饲喂的老鼠，其肝脏和脂肪组织中的生物钟核心基因 mRNA 水平有增加的趋势，这种不同的结果可能是这些生物钟核心基因在不同生物、不同组织中其生理调控机制有所不同而导致的。本研究还发现，饲喂高脂日粮显著降低了中华鳖肌肉中 Cry1 基因在白天的 mRNA 水平，而在晚上则反而得到提高，并且其相位峰值也发生了改变（由白天变成晚上），Cry2 基因和 Per1 基因的节律性表达均遭到破坏，这些基因的表达差异可能是因为这些生物钟核心基因受食物因素的影响比较大。

二、肌肉核心生物钟基因与重要肌肉功能基因之间表达相关性分析

高脂日粮影响了生物钟核心基因与肌肉功基因之间的相关性关系，对照组中，Bmal2、Cry2、DBP、NFIL3、NR1D2、RORA 和 BHLHE40 等这些生物钟核心基因与肌肉功能基因 Trim63、MSTN、MyoD、FBXO32、MyoG、Myf5、Myf6、PPARa 和 UCP3 之间具有强度或者中度正相关性关系（$R^2 \geqslant 0.5$），而 NR1D2、AANAT、DBP、RORC、Cry1、Per1 和 BHLHE40 等这些生物钟核心基因却与肌肉功能基因 MSTN、MyoG、UCP3、Myf6、FBXO32、MyoD 和 PPARa 之间存在着强度或者中度负相关性关系（$R^2 \leqslant -0.5$）（表 8-11）。然而，高脂日粮饲喂组中，这些基因之间的相关关系发生了明显的变化，只有 4 对基因存在正相关关系（即 Cry1 vs FBXO32，RORB vs FBXO32，AANAT vs Myf6/PDK4）。

表 8-11 生物钟核心基因与重要肌肉功能基因在中华鳖肌肉中表达的相关性分析

基因	基因	R^2	基因	基因	R^2	基因	基因	R^2
对照组								
Clock	PPARα	0.57	RORA	Myf6	0.73	DBP	UCP3	−0.84
Bmal2	Myf6	0.66	RORA	MyoG	0.58	DBP	MyoG	−0.72
Bmal2	MyoG	0.57	RORC	MSTN	0.94	DBP	Myf6	−0.62
Bmal2	Trim63	0.73	RORC	MyoD	0.85	RORC	MyoG	−0.8
Cry1	Trim63	0.56	RORC	PPARα	0.76	RORC	Myf6	−0.56
Cry2	MSTN	0.84	RORC	FBXO32	0.75	RORC	UCP3	−0.51
Cry2	MyoD	0.84	RORC	Myf5	0.71	Cry1	FBXO32	−0.62
Cry2	FBXO32	0.60	NR1D2	MSTN	0.89	Cry1	MSTN	−0.62
Cry2	UCP3	0.58	NR1D2	MyoD	0.85	Cry1	MyoD	−0.64
Per1	MyoD	0.62	NR1D2	PPARα	0.80	Cry2	MyoG	−0.86
Per1	MSTN	0.60	NR1D2	FBXO32	0.73	Cry2	PPARα	−0.67
DBP	MSTN	0.92	NR1D2	Myf5	0.52	Cry2	Myf6	−0.53

续表

基因	基因	R^2	基因	基因	R^2	基因	基因	R^2
DBP	FBXO32	0.79	BHLHE40	MyoD	0.76	Per1	Myf6	−0.90
DBP	MyoD	0.77	BHLHE40	MSTN	0.68	Per1	MyoG	−0.81
DBP	PPARα	0.68	NR1D2	MyoG	−0.71	BHLHE40	UCP3	−0.82
DBP	Myf5	0.52	NR1D2	UCP3	−0.65	BHLHE40	Myf6	−0.71
NFIL3	MyoG	0.78	AANAT	UCP3	−0.61	BHLHE40	MyoG	−0.63
NFIL3	Myf6	0.61	AANAT	MyoG	−0.50			
高脂日粮组								
Cry1	FBXO32	0.71	AANAT	Myf6	0.67	Tim	Myf6	−0.54
RORB	FBXO32	0.55	AANAT	PDK4	0.58	Tim	UCP3	−0.53

研究表明，在肌肉组织等外周组织中，除了生物钟核心基因具有节律振荡特征外，一些重要肌肉功能基因受生物钟核心基因的调控也呈现出节律振荡特征[103]。本研究发现，在中华鳖肌肉中，有 9 个基因（FBXO32、MSTN、Myf5、Myf6、MyoD、MyoG、PARa、Trim63 和 UCP3）也表现出了节律振荡特征。然而，中华鳖投喂高脂肪日粮后，在 12 个重要肌肉功能基因中，MSTN、Myf5、MyoD、MyoG、PPARα 和 Trim63 这 6 个基因失去了其节律表达特征，FBXO32、Myf6 和 UCP3 这三个基因的节律表达特征虽然仍然被保留，但其相位峰值均提前或延后了，而且其中的 FBXO32、MBNL1、MyoM1 和 PPARα 四个基因的 mRNA 水平显著高于对照组，这与高脂食物对生物钟核心基因（Per2、Tim、DBP、NFIL3 和 RORA）的 mRNA 水平影响相类似。相反，MyoD、MSTN、Myf5、Myf6、PDK4 和 UCP3 等这 6 个重要肌肉功能基因的 mRNA 水平则是白天高于对照组而晚上低于对照组，类似于高脂日粮对 Clock、Bmal2、Cry2 和 RORC 等生物钟核心基因 mRNA 水平的影响。Harfmann 等（2015）认为肌肉的生理功能是生物钟核心基因和重要肌肉功能基因共同协调作用的结果。McCarthy 等（2007）也认为骨骼肌中有大约 7% 的基因具有昼夜节律特征，且许多肌肉相关基因都受生物钟核心基因的调控作用。近年来，科研人员对广受青睐的模式动物斑马鱼进行分子水平研究时发现，生物钟核心基因和重要肌肉功能基因的 mRNA 水平具有强度或者中度正相关，且这种相关性关系受高脂日粮的影响。本研究结果显示，中华鳖肌肉中生物钟核心基因与重要肌肉功能基因具有显著相关关系，且 HFD 也可以改变这种相关性关系，这说明食物因子对生物体内复杂的基因表达系统程序具有调控作用。这种调控机理表现在以下两个方面：首先，食物因子如 HFD 对生物钟的转录-翻译反馈环产生直接的影响。在反馈环

的正向端，Bmal2/Clock 起着核心作用，两者异二聚化后激活靶基因的启动子结构域而发挥作用，而在反馈环的负向端，Per1 与 Cry1/2 形成异二聚体，从而抑制 Clock/Bmal2 蛋白的表达。此外，孤儿受体基因（RORA、RORC 和 NR1D2）和钟控基因（DBP、AANAT、BHLHE40 和 NFIL3）与核心生物钟核心基因一起，共同作用于重要肌肉功能基因（MSTN、Myf5、MyoD、MyoG、PPARa、Trim63、FBXO32、Myf6 和 UCP3）而发挥作用，从而影响机体的节律生理、肌肉的分化与生长以及能量代谢功能。然而，这些基因的同步性功能遭到了高脂日粮的破坏，生物钟系统反馈环中由 Cry1、NR1D2、Tim 和 RORB/C 替代了原来的基因而发挥作用，从而影响相应重要肌肉功能基因的生理功能。其次，高脂日粮破坏生物钟系统后导致其机体内物质代谢发生紊乱。最直接的证据就是糖尿病病人和肥胖症病人，这些疾病的发生就是因为病人受到 HFD 影响后其体内的能量平衡被打破的结果。占生物体质量 45% 的骨骼肌，是重要的代谢组织之一，其生理功能是生物钟核心基因与重要肌肉功能基因相互作用的结果。据报道，肌肉中过氧化物酶体增殖体激活受体 PPARα 失去节律表达模式是生物钟调节的缘故，反过来，PPARα 通过与其配体（如脂肪酸）结合也可以影响生物钟核心基因的表达。与此同时，PPARα 还与其靶基因 PDK4（PDK1 同工酶）在葡萄糖代谢和脂肪代谢调节过程中发挥关键作用，而饲喂高脂肪酸日粮的小鼠，这两个基因的表达水平显著增加。UCP3 作为肌肉中的抗氧化防御因子，在斑马鱼骨骼肌中受 Bmal1 和 Clock 的调控作用而具有节律振荡特征，从而通过 Wnt 信号通路影响肌肉分化和能量代谢，高脂日粮导致其失去节律表达特征，与我们的研究结果相类似（Amaral et al.，2011）。这些结果说明，高脂日粮打乱了机体内这些生物钟核心基因和重要肌肉功能基因的表达水平，破坏了他们的昼夜节律模式，进而导致胰岛素分泌紊乱，引起胰岛素抵抗和代谢紊乱，并最终引起糖尿病、肥胖症等代谢疾病的发生。而这种机制目前还不十分清楚，还需通过延长实验时间来进一步验证该实验结果。本研究结果表明，在肌肉组织中，重要肌肉功能基因受生物钟核心基因的调控，在中华鳖的昼夜节律表达模式中起着重要作用，而高脂日粮能够破坏这种调控机制，从而影响中华鳖肌肉中肌肉分化、能量代谢等诸多生理活动的昼夜节律振荡特征。

第九章 高脂对中华鳖肝脏生物钟相关基因节律性表达的影响

　　肝脏是动物体内脂肪合成、分解、转运等代谢活动的重要场所。研究表明，这些脂肪代谢活动受生物钟核心基因的调控而具有节律振荡特征。而外界环境的影响如食物因素会引起肝脏组织中生物钟核心基因及相关重要功能基因的改变。第四章已经验证了高脂日粮能导致中华鳖肌肉中部分生物钟核心基因及相关重要功能基因的节律性表达发生紊乱。本章将进一步研究高脂日粮对中华鳖肝脏中生物钟核心基因及相关基因节律性表达的影响，为中华鳖肝脏中生物钟核心基因及相关基因与脂肪代谢之间的调控机理研究打下理论基础。

第一节 高脂对中华鳖肝脏中生物钟基因节律性表达的影响

一、中华鳖肝脏组织基因定量中内参基因的筛选

　　试验材料与第八章相同。样品采集后迅速置于液氮中保存，再转存于−80 ℃冰箱储藏备用。所提取的肝脏组织进行以验证内参基因的引物特异性和

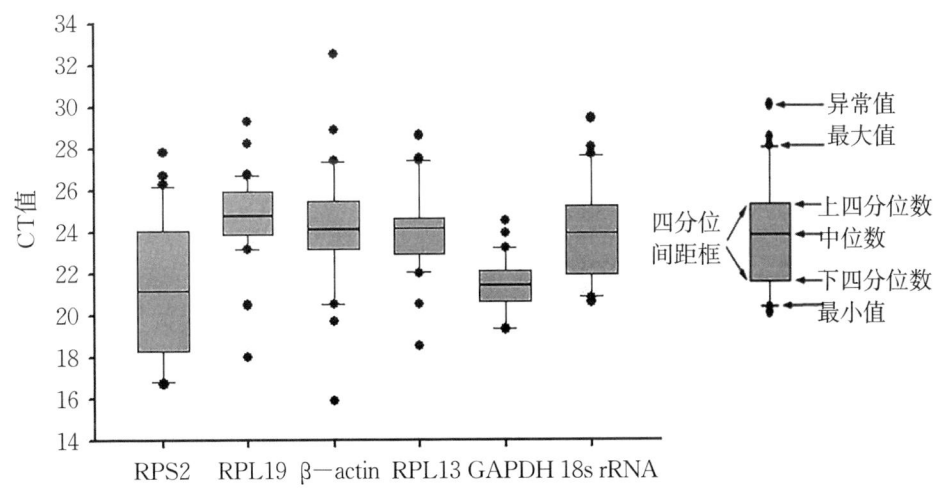

图 9 - 1　qRT-PCR 中 6 个内参基因的 CT 值分布箱线图

准确性，发现其 PCR 扩增曲线指数期较明显、整体平行线较好，且其对应熔解曲线的熔点峰形窄而尖锐，没有出现双峰现象，则说明产物特异性较好，符合下一步实验质量的要求。进一步实验发现，肝脏中 6 个内参基因的 Ct 值在 17.01～27.54 之间，其中 RPS2、β-actin 和 RPL19 的 CT 值较低，但 RPS2 基因的表达量波动幅度比较大，说明其在肌肉中表达极不稳定，而 18srRNA 和 GAPDH 的 CT 值较大。这些结果均说明 6 个内参基因在中华鳖的肝脏的表达量各不相同，而且差别比较大（表 9 - 1 和图 9 - 1）。

表 9 - 1　　　　　qRT-PCR 中 6 个内参基因 CT 值箱线图参数（肝脏）

基因名称	最大值	最小值	中位数	上四分位数	下四分位数
RPS2	26.30	17.01	21.13	24.01	18.36
β-actin	26.84	23.13	24.78	25.96	23.84
RPL13	27.54	20.88	23.90	25.25	21.95
GAPDH	27.36	21.95	24.07	24.77	22.95
RPL19	23.19	19.31	21.42	22.13	20.67
18s rRNA	27.18	20.13	24.13	25.42	23.83

从图 9 - 2 的结果可以看出，通过 ge Norm 软件计算出 30 个中华鳖肝脏样本的 M 值，从大到小的顺序依次为：RPS2＞18S rRNA＞GAPDH＞RPL13＞β-actin＝RPL19，说明 β-actin 基因和 RPL19 基因的稳定性最佳，而 RPS2 基因的稳定性最差。通过 ge Norm 软件对 6 个内参基因进行标准化因子配对分析，发现本研究中 6 个内参基因，V_2 代表 β-actin 基因和 RPL19 基因，V_3 代表在 V_2 的基础上依次加入 RPL13 基因。同理，V_4 代表在 V_3 的基础上依次加入 GAPDH 基因……依次类推。本研究发现，$V_{2/3}$＜0.15，因此不必引入第 3 个基因作为内参基因，即可以采用 β-actin 基因和 RPL19 基因同时作为中华鳖肝脏组织中 qRT-PCR 定量分析的内参基因。

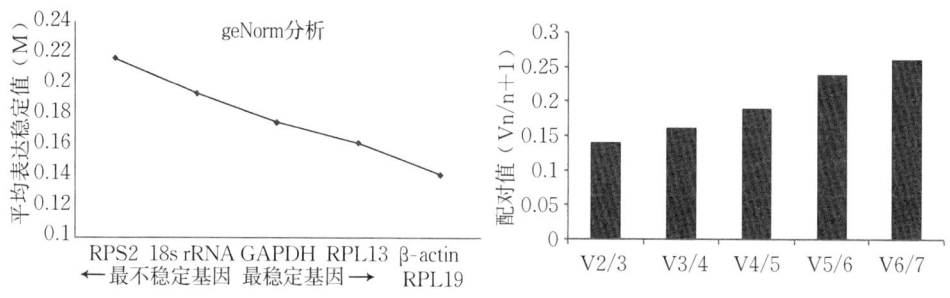

图 9 - 2　6 个内参基因在肝脏组织中的稳定性比较（ge Norm 分析）

图 9-3 结果表明，通过 Norm Finder 软件计算 30 个中华鳖肝脏组织样本的 S 值，其大到小的顺序依次为：RPS2＞GAPDH＞RPL13＞18S rRNA＞RPL19＞β-actin，说明 RPL19 基因和 β-actin 基因的稳定性最佳，而 RPS2、GAPDH 等基因的稳定性最差。因此，可以选择 RPL19 和 β-actin 这两个基因作为内参基因对中华鳖肝脏组织进行定量分析。

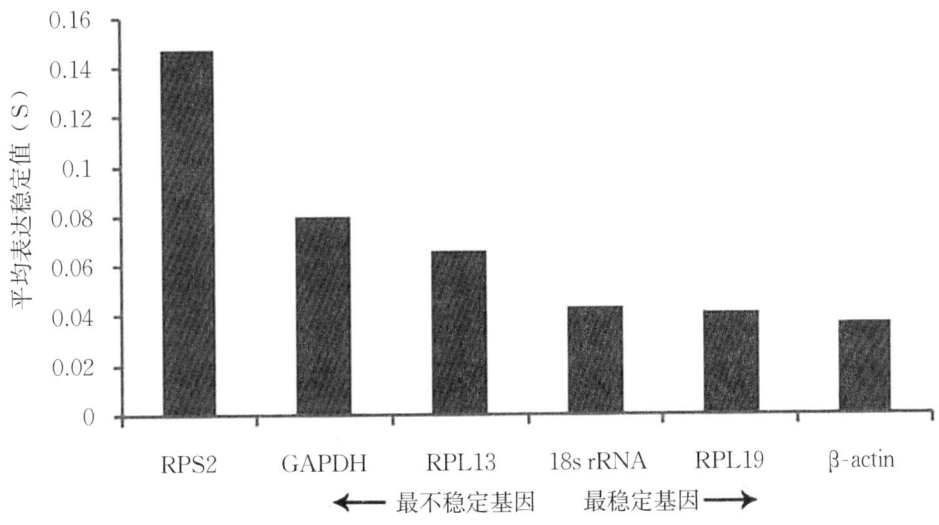

图 9-3　6 个内参基因在肝脏组织中的稳定性比较（Norm Finder 分析）

通过 Bestkeeper 软件计算 30 个中华鳖肝脏组织样本中的标准偏差（SD）值、变异系数（C. V）值和相关系数（r）。表 9-2 的结果表明，本研究中 30 个中华鳖肝脏组织样本中标准偏差 SD 值和变异系数 C. V 值从大到小的顺序依次为：RPS2＞18SrRNA＞RPL13＞GAPDH＞β-actin＞RPL19，说明 GAPDH、β-actin 基因和 RPL19 基因的稳定性最佳，而 RPS2、18SrRNA 和 RPL13 等基因的稳定性最差。但 GAPDH 和 β-actin 相关系数（r）比较低。因此，本研究只适合选择 RPL19 这个基因作为内参基因对中华鳖肝脏组织进行定量分析。

因此，综合 ge Norm、Norm Finder 和 Bestkeeper 三种软件的分析结果，优选出 RPL19 基因作为中华鳖肝脏组织的基因定量分析目标。

表 9-2　　**Bestkeeper 软件分子 6 个内参基因在肝脏组织中的稳定性表达**

基因名称	标准偏差（SD）	变异系数（C. V%）	相关系数（r）
β-actin	2.66	12.53	0.54
RPS2	1.83	7.58	0.348

续表

基因名称	标准偏差（SD）	变异系数（C. V‰）	相关系数（r）
GAPDH	1.82	7.59	0.684
18s rRNA	1.44	5.95	0.032
RPL19	1.4	5.63	0.261
RPL13	0.99	4.61	0.622

本研究采用 ge Norm、Norm Finder 和 BestKeeper 三个软件，从最常用的 GAPDH、18S rRNA、RPL13，RPL19、RPS2 和 β-actin 6 个内参基因中，筛选和优化出中华鳖肝脏组织中表达最稳定的内参基因为 RPL19，从而为肝脏组织中靶基因的 qRT-PCR 准确定量提供了可靠保证。

二、高脂对中华鳖肝脏核心生物钟基因表达的影响

实验方法参照第八章第二节的实验方法进行，17 个生物钟核心基因（Clock、Bmal1/2、NPAS2、Tim、Cry1/2、Per1/2、DBP、NFIL3、BHLHE40、NR1D1/2 和 RORA/B/C）引物设计与第八章相同，肝脏脂肪代谢基因引物序列设计见 9-3。

表 9-3　　中华鳖肝脏中生物钟核心基因及肝脏脂肪代谢基因荧光定量引物

基因名称	中文名称	正义引物和反义引物（5′-3′）	退火温度/℃	产物大小(bp)
NR1D1	细胞核受体 Rev-Erbα 基因	5′ TCCTGAGCGGCGAGACCTAC 3′	62.5	256
		5′ GAGTCATCGGGGTGCTTCTTT 3′	60.7	
ACACA	乙酰乙酸辅酶 A	F 5′ CGTCCGAGAACCCCAAACTA 3′	60.0	264
		R 5′ CCAGCAACCCATCATCCAC 3′	58.8	
ACSL1	长链脂酰辅酶 A 合成 1	F 5′ ATACAGGCAAGTCTGGGAGGAA 3′	60.4	128
		R 5′ TCAGTTTGTCCATAGCCTTCGT 3′	59.1	
APOA1	载脂蛋白 A1	F 5′ GCTGGCTCCCTACTACACGC 3′	59.9	223
		R 5′ CAGGACCTCCATCTTCTGCTTG 3′	61.3	
APOB	载脂蛋白 B	F 5′ GACTGAACAGCCCATTAGCCA 3′	60.1	160
		R 5′ GTGACTTGTGCCATCATACCGT 3′	59.8	
CPT1A	肉毒碱棕榈酰基转移酶 1A	F 5′ GAGCAGGGATACAGGGAAGAGG 3′	61.8	193
		R 5′ CATTCTCCCAAAGGTGTCCAAC 3′	60.9	

续表1

基因名称	中文名称	正义引物和反义引物（5′—3′）		退火温度/℃	产物大小（bp）
DGAT1	二酰基甘油酰基转移酶	F 5′ TTGCTGCCTCTGTTTTGTTTG 3′		59.1	167
		R 5′ TGACTGTCCTCTTTCGTTCCTTC 3′		60.2	
FAS	脂肪酸合成酶	F 5′ CGTGGGCTTGGCTGCTATTC 3′		63.0	249
		R 5′ GGAGGACAACGGCTCTTACATT 3′		60.1	
HMGCR	3-羟-3-甲基戊二酰辅酶	F 5′ TCATCAGTCTCGCTGGTCGTA 3′		58.9	235
		R 5′ GGAATGACTGCTTCACAGACCA 3′		59.9	
LDLR1	低密度脂蛋白受体相关蛋白1	F 5′ CCAACGCTCAGCAGAAAACC 3′		60.7	166
		R 5′ GGTTTGCCGAACTGGTCTTG 3′		60.4	
LPIN1	脂素基因	F 5′ CACTGGGTGAACGAACGAGG 3′		61.0	191
		R 5′ GCAGGTCTGTTTCCAAAGGCT 3′		60.9	
Lxrα	肝脏 X 受体 α	F 5′ AGACCCTCATAACCGTGAAGCA 3′		61.2	215
		R 5′ TGATGCTTTCAGTCTCTGGATTGTA 3′		61.0	
PDK4	丙酮酸脱氢酶-硫辛酰胺激酶同工酶4	5′ CAGTCCGAAATAGACACCACGAT 3′		60.8	253
		5′ TTCACCACTCCCACCACATCAC 3′		62.5	
PPARα	过氧化物酶体增殖体激活受体 α	5′ AGAGGAGGATGATCTCAGAAACC 3′		58.3	186
		5′ GATGCTGGTGAAAGGGTGTCTG 3′		60.8	
PPARβ	过氧化物酶体增殖体激活受体 β	F 5′ GGAGGACCAGACCGTTTGCC 3′		63.8	167
		R 5′ CCGTAATGAAATCCCGATGCTA 3′		61.8	
PPARγ	过氧化物酶体增殖体激活受体 γ	F 5′ GTGGAGACAAGGCTTCTGGATT 3′		59.9	216
		R 5′ GCATTCGCCCAAACCTGATA 3′		60.9	
RXRA	维甲类 x 受体	F 5′ AAGGACCGAAATGAGAACGAGG 3′		62.3	221
		R 5′ ATTCGCTTTGCCCATTCCAC 3′		62.3	
SCD	硬脂酸脱氢酶	F 5′ GAGGTTTTACAAGCCTTCCGTG 3′		60.8	291
		R 5′ TCGCTGGTGGCGTAGTCGT 3′		62.1	

续表2

基因名称	中文名称	正义引物和反义引物（5′—3′）	退火温度/℃	产物大小(bp)
Sirt1	沉默调节蛋白1	5′ AGTAGACTTCCCAGACCTTCCAG 3′	58.6	208
		5′ AACCTGTTCCAGCGTATCTATGT 3′	57.7	
RPL19	核糖体蛋白L19	5′ TCGTATGCCCGAGAAGGTGA 3′	61.2	180
		5′ GCCTTGAGTTTGTGGATGTGCT 3′	61.6	

与中华鳖肌肉实验一样，本实验每个时间点从对照组和实验组中各随机选取中华鳖肝脏样品来研究17个生物钟核心基因（Clock、Bmal1/2、NPAS2、Tim、Cry1/2、Per1/2、DBP、NFIL3、BHLHE40、NR1D1/2和RORA/B/C）的节律表达特征。这些基因的节律表达结果见图9-4。

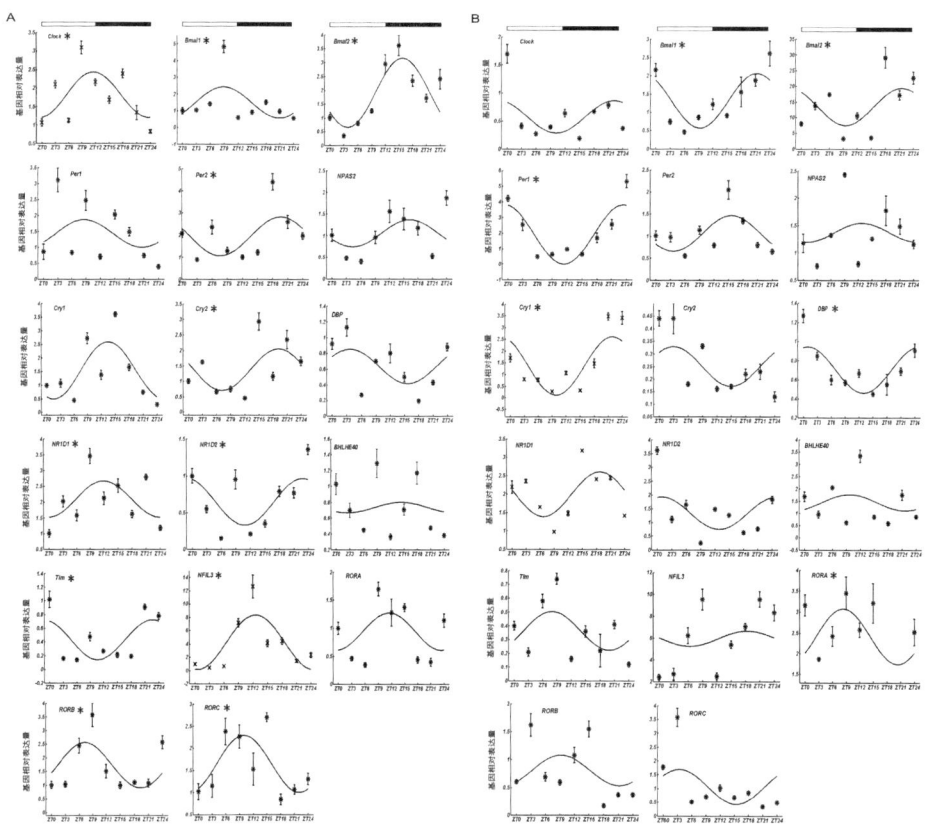

图9-4　高脂日粮对中华鳖肝脏组织生物钟核心基因节律表达的影响

LED光制下，对照组中各生物钟核心基因在中华鳖肝脏内mRNA的表达具有明显的时间差异显著性（$p > 0.05$）。在17个生物钟核心基因中，除了

NPAS2、Cry1、Per1、BHLHE40、DBP 和 RORA 六个基因外，其余 11 个基因（包括 Clock、Bmal1/2、Tim、Cry2、Per2、NFIL3、NR1D1/2 和 RORB/C）均具有良好的节律性特征。而这些基因中，Bmal1、RORB 和 RORC 三个基因表现出明显的白天节律表达模式，其相位峰值分别出现在 ZT8.89 小时、7.31 小时和10.01 小时。反之，Bmal2、Cry2、Per2、Tim 和 NR1D2 等五个基因则表现为晚上节律表达模式，这些基因的相位峰值分别出现在 15.58 小时、19.20 小时、19.60 小时、22.69 小时和 22.87 小时。而 Clock（相位峰值时间为 ZT11.57 小时），NFIL3（相位峰值时间为 ZT12.55 小时）和 NR1D1（相位峰值时间为 ZT11.87 小时）三个生物钟核心基因的相位峰值则出现在昼夜交替期。然而，当中华鳖投喂高脂日粮 6 周后，肝脏中这些生物钟核心基因的表达模式发生了很大的变化，Clock、Cry2、Per2、NFIL3、NR1D1/2 和 RORB/C 等 8 个生物钟核心基因的昼夜节律性表达消失，而 Bmal1 和 Bmal2 两个基因的相位峰值分别延后了 12.41 小时和 5.73 小时，Tim 基因的相位峰值则提前了 14.73 小时。有趣的是，Cry1、Per1、DBP 和 RORA 这四个基因的表达在对照组中无昼夜节律性，但在高脂日粮组中出现了昼夜节律性特征。然而，无论是在对照组还是在高脂日粮组，NPAS2 和 BHLHE40 这两个基因的表达都没有出现昼夜节律性特征。因此，在高脂日粮组中，只有 7 个基因具有昼夜节律性表达模式，其中，Tim 为（7.96 小时）为白天表达模式，而 Bmal1（21.30 小时）、Bmal2（21.53 小时）和 Cry1（21.89 小时）为晚上表达模式，Per1（23.36 小时）、DBP（0.99 小时）和 RORA（11.46 小时）三个基因的表达高峰则出现在昼夜交替期。

高脂日粮不但改变了中华鳖肝脏中生物钟核心基因的节律表达模式，而且影响了这些基因的振幅和 mRNA 水平。与对照组相比，高脂日粮组的 Clock、Bmal1、Tim、Cry2、Per2、NFIL3 和 RORB 的振幅分别下降了 2.10 倍、1.24倍、2.07 倍、8.34 倍、2.12 倍、5.83 倍和 3.07 倍，而 Bmal2、Cry1、Per1、NR1D2 和 RORA 表达的振幅分别升高了 4.76 倍、1.20 倍、4.42 倍、1.84 倍和2.03 倍；饲喂高脂日粮后，中华鳖肝脏中 Clock、Per2 和 Cry2 基因的 mRNA 水平在一昼夜内均有所下降，而 Bmal2、NR1D2 和 RORA 的 mRNA 水平反而上升，NFIL3 除了在 ZT12 小时低于对照组外，其余时间点均高于对照组，而RORC（ZT0 小时，ZT3 小时）和 RORB（ZT3 小时，ZT15 小时）除了以上时间点高于对照组外，其余时间点均低于对照组。余下基因的 mRNA 水平则没有一定的规律可循。以这些生物钟核心基因对照组或高脂日粮组的最高表达水平作为参照，对两个实验组的 mRNA 水平进行统计，我们发现高脂日粮处理组中的Bmal2、NR1D2 和 RORA 的 mRNA 水平分别高出对照组 12.37 倍（ZT18 小时）、3.61倍（ZT0小时）和2.02倍（ZT9小时），而对照组中Clock、Per2和Cry2的mRNA水平分别高出处理组7.99倍（ZT9h）、3.26倍（ZT18小时）和17.16倍（ZT15小时）（$p>0.05$）。

三、高脂对中华鳖肝脏脂肪代谢相关基因表达的影响

肝脏脂肪合成代谢相关基因脂肪酸合成酶（FAS）、硬脂酸脱氢酶（SCD）、乙酰乙酸辅酶A（ACACA）、二酰基甘油酰基转移酶（DGAT1）、3-羟-3-甲基戊二酰辅酶（HMGCR）、低密度脂蛋白受体相关蛋白1（LDLR1）和脂素基因（LIPIN1）的表达结果见图9-5。中华鳖饲喂高脂日粮后，肝脏中这些基因的节律表达模式发生了很大的改变。在对照组中，除了ACACA和SCD两个基因没有出现节律性表达特征外，其余5个基因均呈现出了节律性表达特征。其中，LIPIN1（ZT10.23小时）为白天表达模式，而FAS（ZT22.31小时）、HMGCR（ZT15.04小时）和LDLR1（ZT15.93小时）则为晚上表达模式，DGAT1（ZT11.97小时）的表达高峰则出现在昼夜交替期间。投喂高脂日粮后，只有FAS的节律表达模式消失，其余4个基因节律表达的相位峰值出现提前或者延后的现象。LIPIN1（ZT5.95小时）的相位峰值提前了4.28小时，依然为白天表达模式，而HMGCR（ZT0.17小时）和LDLR1（ZT9.37小时）则出现昼夜颠倒现象，其相位峰值提前了14.87小时和6.56小时，从而出现从晚上转为白天的表达模式，DGAT1则相反，其相位峰值延后了9.55小时，即从昼夜交替期转为晚上表达模式。

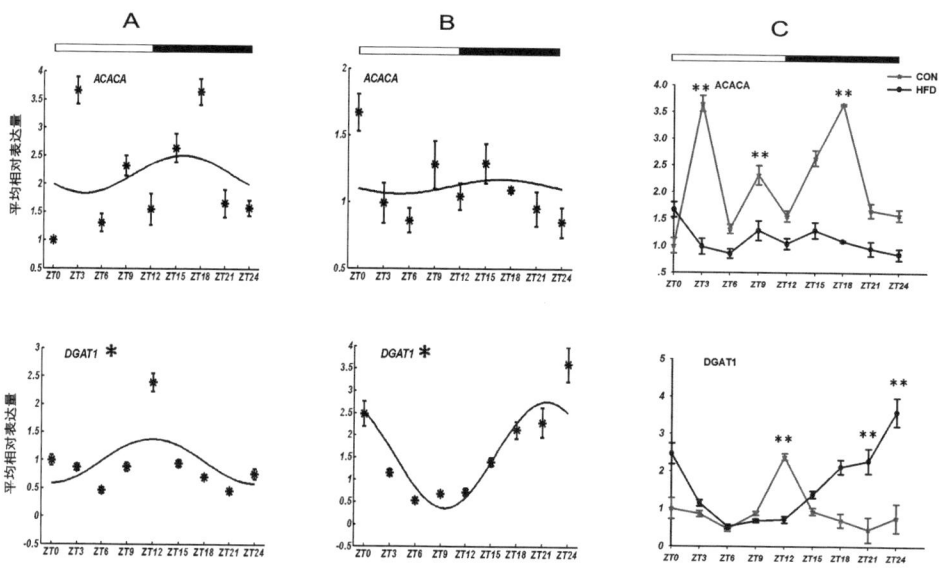

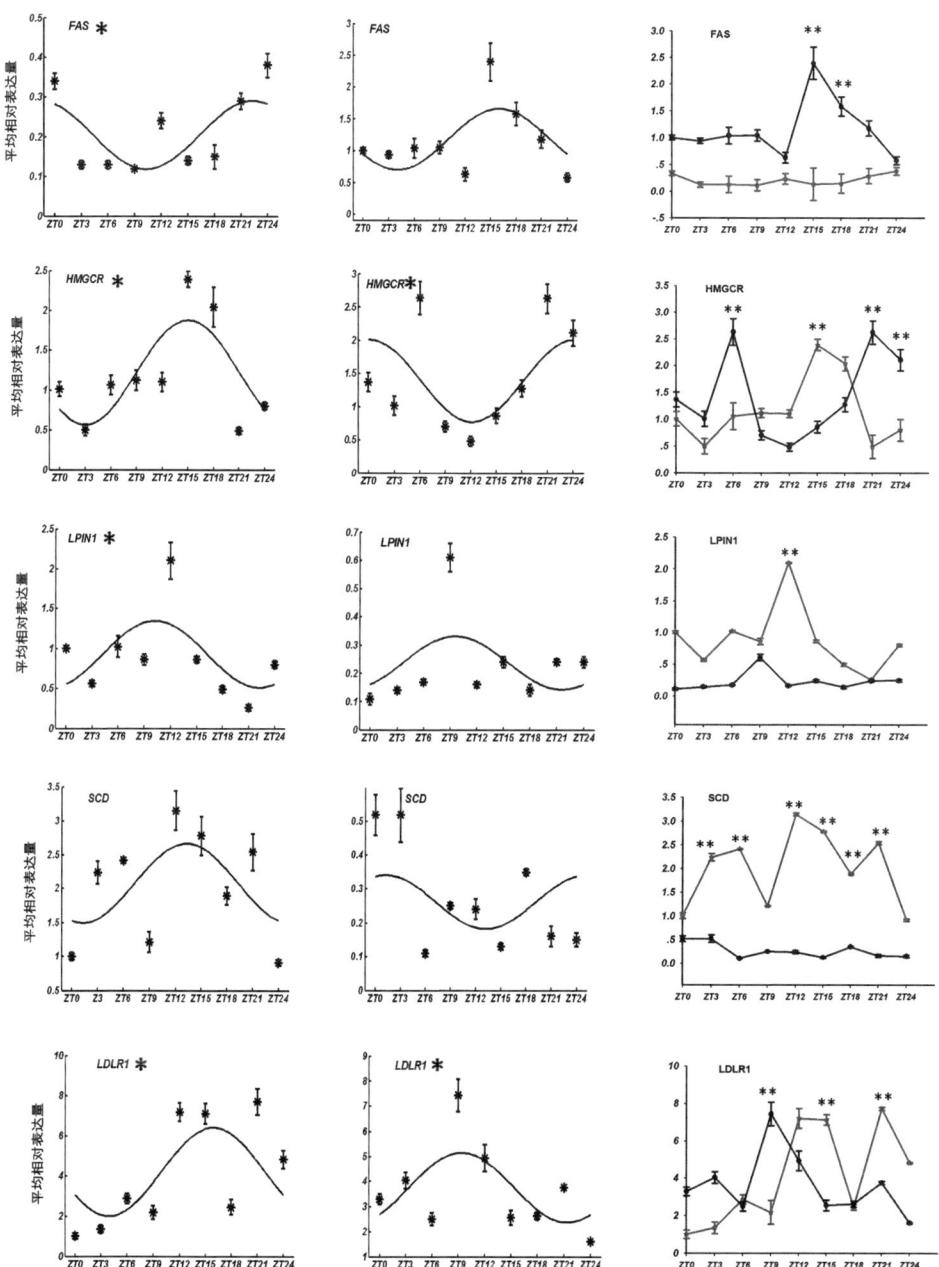

图 9-5　中华鳖肝脏中脂肪合成代谢相关基因的节律特征及 mRNA 表达

注："⬛⬜⬛" 白色部分表示白天，黑色部分表示黑夜；A 和 B 分别代表正常组和高脂日粮组中各基因的昼夜节律表达模式；C 代表两组中各基因 mRNA 水平的比较图谱，以下其他基因昼夜节律表达模式和 mRNA 表达比较图为相同注释。

高脂日粮对这些基因的 mRNA 水平也产生很大的影响。与对照组相比，高脂日粮组中 FAS 的 mRNA 表达出现了上升的现象，而 ACACA、LIPIN1 和 SCD 三个基因的 mRNA 表达则相反，呈现了下降的现象（$p > 0.05$）。另外，DGAT1 和 HMGCR 的 mRNA 表达趋势相近，表现出白天先上升后下降晚上再上升的趋势，而 LDLR1 的 mRNA 表达则是白天上升晚上下降的趋势（$p > 0.05$）。

与肝脏脂肪分解代谢相关的基因分别为：肉毒碱棕榈酰基转移酶 1A（CPT1A）、PPARα、过氧化物酶体增殖体激活受体-β（PPARβ）、PPARγ 和 Sirt1，它们的表达结果见图 9-6。中华鳖饲喂高脂日粮后，肝脏中的这些基因节律表达模式也发生了很大的改变。在对照组中，这 5 个基因均表现出节律性表达特征，且其相位峰值均出现在晚上的 ZT14.54 小时、ZT19.47 小时、ZT19.31 小时、ZT18.36 小时和 ZT15.15 小时。但投喂高脂日粮后，CPT1A 和 Sirt1 两个基因遭到破坏而不再呈现节律性表达，其余 3 个基因昼夜表达的相位峰值均提前，同时我们还惊奇地发现，无论是对照组还是高脂日粮组，PPARα（ZT1.07小时）和 PPARβ（ZT1.07 小时）这两个基因的昼夜表达模式出现惊人的时间同步现象，其相位峰值同时提前了将近 18 小时，由对照组的晚上表达模式颠倒为高脂日粮组的白天表达模式。PPARγ 的位峰值也提前了将近 12.62 小时，由对照组的晚上表达模式颠倒为白天表达模式。

同样，高脂日粮改变了脂肪分解代谢相关基因的 mRNA 水平。图 9-6C 的结果表明，高脂日粮中 PPARγ 基因的 mRNA 表达高于对照组（$p > 0.05$），Sirt1 的 mRNA 表达低于对照组（$p > 0.05$），而 PPARα 的 mRNA 表达则表现出先上升后下降再上升的趋势，CPT1A 和 PPARβ 的 mRNA 表达也表现出先上升后下降的趋势（$p > 0.05$）。

肝脏脂肪转运相关基因载脂蛋白 A1（APOA1）、载脂蛋白 B（APOB）、PDK4、长链脂酰辅酶 A 合成，1（ACSL1）、肝脏 X 受体 α（Lxrα）和维甲类 x 受体（RXRA）的表达结果见图 9-7。中华鳖饲喂高脂日粮后，肝脏中这些脂肪转运基因的节律表达模式发生了很大的改变。在对照组中，这 6 个基因都呈现出节律性表达特征，除 Lxrα 和 PDK4 的表达高峰出现在凌晨外（ZT0.74 小时和 ZT12.55 小时），其余的 4 个基因的表达高峰几乎均出现在晚上，他们的相位峰值分别在 ZT21.37 小时、ZT16.87 小时、ZT13.86 小时和 ZT17.85 小时。投喂高脂日粮后，前 4 个基因（即 APOA1、APOB、PDK4 和 ACSL1）在高脂日粮组中都没有表现出节律性表达特征。而后两个基因，即 Lxrα 和 RXRA 仍然继续维持着节律表达特征，其中 RXRA（ZT0.49 小时）被提前了 17.36 小时，而 Lxrα（ZT21.66 小时）的相位峰值则被推迟了 20.92 小时。

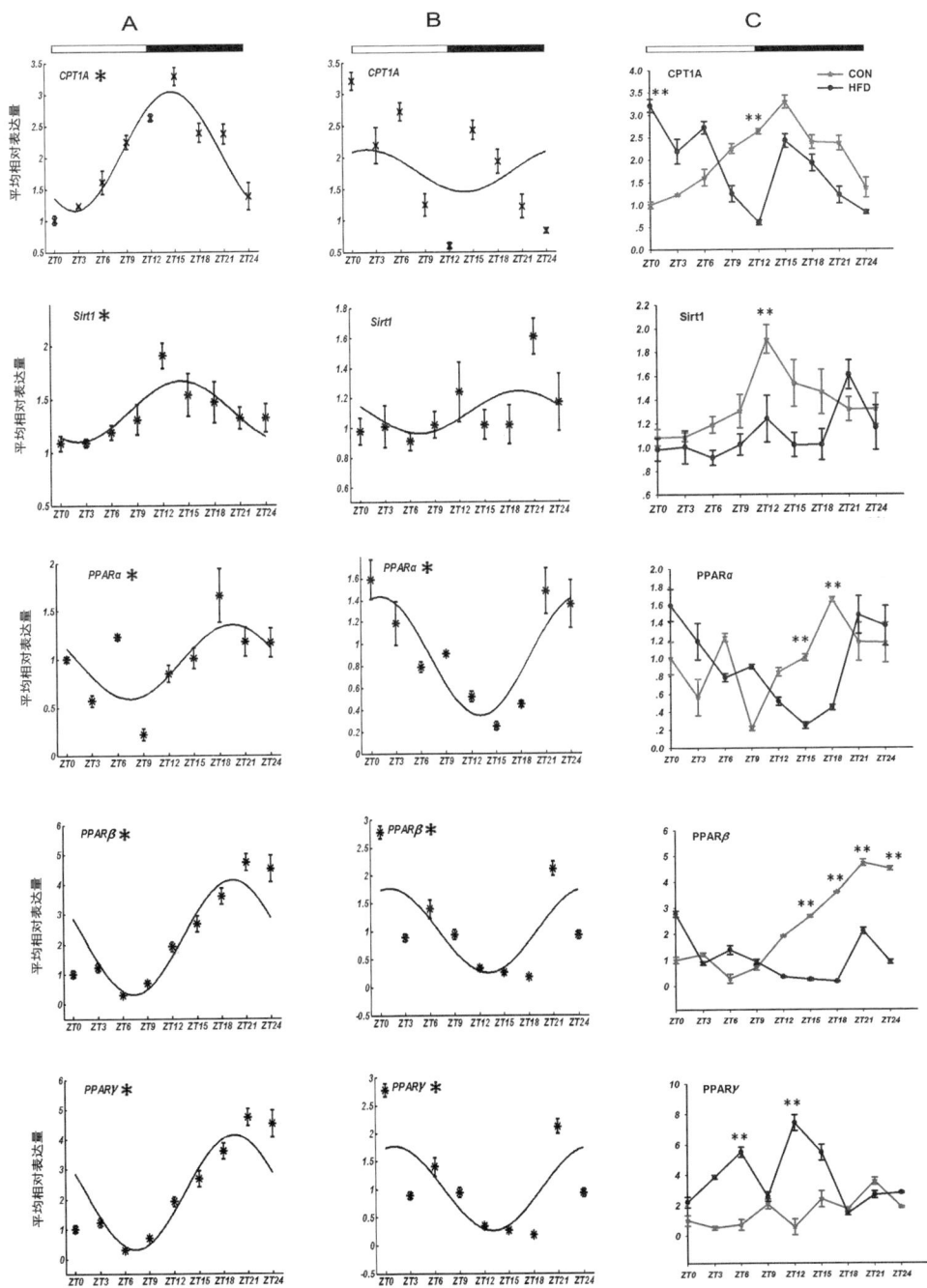

图 9-6　中华鳖肝脏中脂肪分解代谢相关基因的节律特征及 mRNA 表达

　　同样，高脂日粮也改变了脂肪转运相关基因的 mRNA 水平。图 9-7 C 中的结果表明，与对照组相比，高脂日粮组中 ACSL1 的 mRNA 表达出现了上升的现象，而 APOB 和 Lxrα 两个基因的 mRNA 表达则相反，几乎均呈现出下降的现象（$p > 0.05$），另外三个基因（APOA1、PDK4 和 RXRA）的 mRNA 水平却表现出先上升后下降的趋势（$p > 0.05$）。

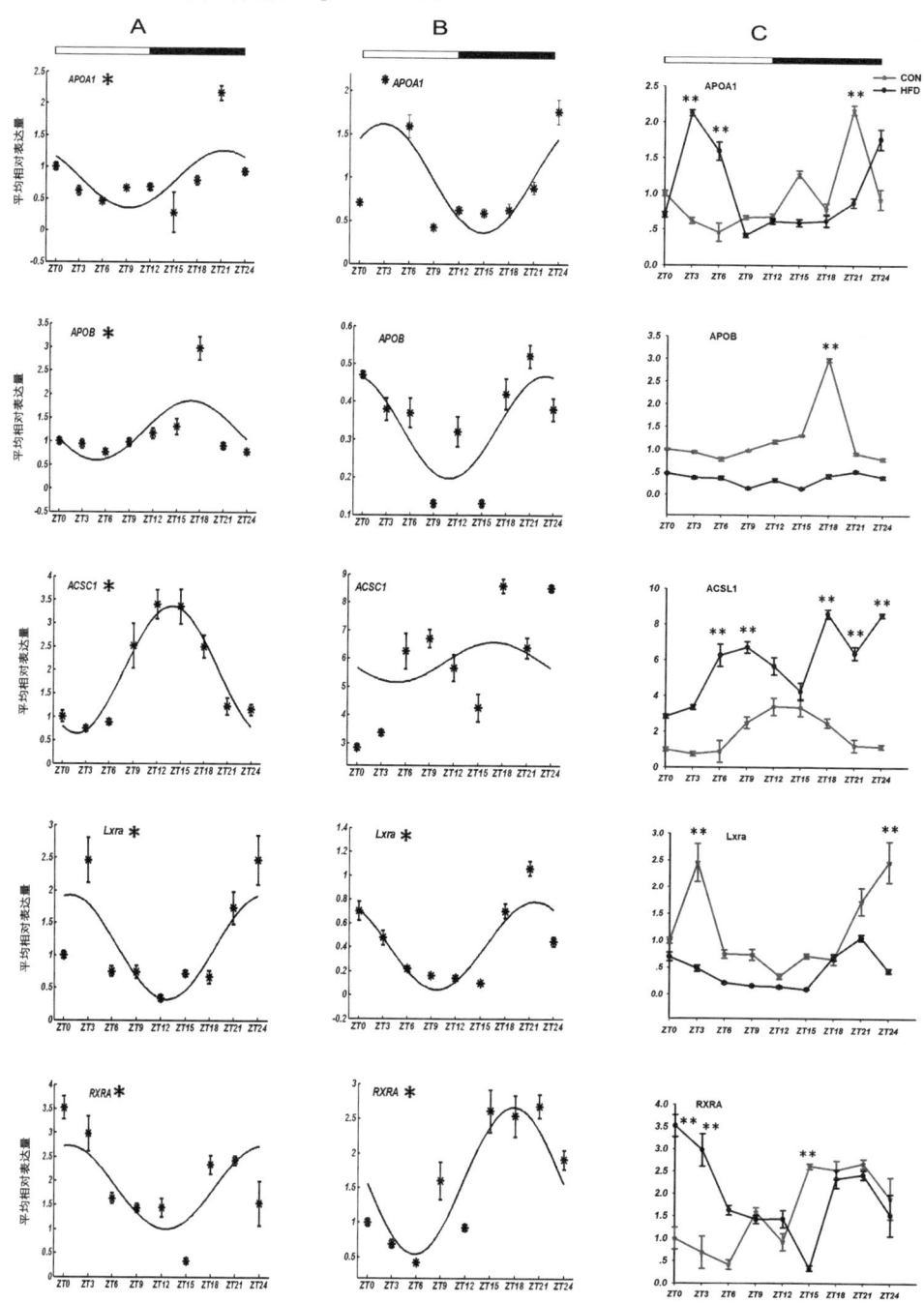

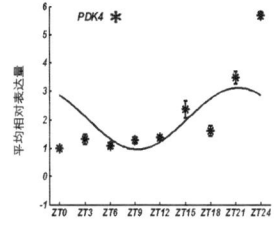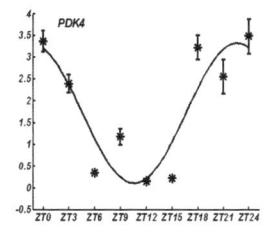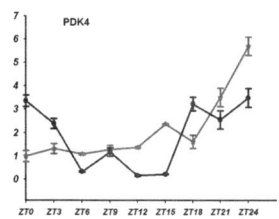

图 9-7　中华鳖肝脏中脂肪转运相关基因的节律特征及 mRNA 表达

第二节　肝脏核心生物钟基因与脂肪代谢相关基因之间表达相关性分析

一、肝脏核心生物钟基因之间表达相关性分析

我们调控昼夜节律的转录激活-翻译-负反馈调节环路，发现各生物钟核心基因之间相互协调和作用，在肝脏脂肪代谢中起着非常重要的作用。而在这种环路中，Clock 和 Bmal1/2 基因位于反馈回路中的正向环路中，它是生物钟核心基因中的核心基因。它也是昼夜节律的主要调控者，在生物钟系统中起着中心作用。从表 9-4 的结果可以看出，对照组中这三个基因与其他生物钟核心基因之间的 mRNA 水平有着强度或者中度的相关关系。如 Clock 基因与 Bmal1 具有强烈的正相关性，而与 Per2、NR1D1、NFIL3 和 Tim 基因之间有着中度的正相关或负相关性。而 Bmal1 与 Tim 基因之间为强正相关关系，与 NR1D1 之间为中度的正相关关系，Bmal2 与 Per2、NFIL3 之间为中度的正相关关系。另外，在反馈回路中的负向环路中的 Per2 与 Cry2 之间也存在着中度正相关的关系，反馈环路辅环中 NR1D2 与 Tim 之间也存在着中度正相关的关系。

表 9-4　中华鳖生物钟核心基因与肝脏脂肪代谢基因在正常组中表达的相关性分析

基因	基因	相关系数 R^2	基因	基因	相关系数 R^2	基因	基因	相关系数 R^2
Clock	Bmal1	0.71	Clock	Per2	0.51	Bmal2	NFIL3	0.54
Clock	NR1D1	0.63	NR1D2	Tim	0.69	Bmal2	Per2	0.50
Clock	NFIL3	0.56	Bmal1	Tim	0.81	Per2	Cry2	0.54
Bmal1	NR1D1	0.63	NFIL3	DGAT1	0.84	Bmal2	HMGCR	0.64
Per2	FAS	0.84	Bmal2	LDLR1	0.72	Per2	HMGCR	0.80
Cry2	FAS	0.61	Cry2	PPARβ	0.55	NFIL3	Sirt1	0.80
NFIL3	CPT1A	0.56	Bmal2	PPARβ	0.51	Bmal2	Stirt	0.72

续表

基因	基因	相关系数 R^2	基因	基因	相关系数 R^2	基因	基因	相关系数 R^2
Per2	CPT1A	0.63	NR1D2	INSIG1	0.69	Cry2	PPARγ	0.64
NR1D1	CPT1A	0.58	Bmal2	INSIG1	0.59	Bmal2	ACSL1	0.75
Bmal2	CPT1A	0.78	Tim	INSIG1	0.51	Per2	ACSL1	0.57
Cry2	RXRA	0.64	Tim	APOA1	0.55	Clock	ACSL1	0.53
Bmal2	RXRA	0.59	Cry2	APOA1	0.67	NR1D2	PDK4	0.55
Per2	RXRA	0.54	NR1D2	Lxrα	0.51	Cry2	LPIN1	−0.54
Bmal1	PPARα	0.52	NFIL3	Lxrα	−0.56	Clock	Tim	−0.50
NR1D1	PPARα	−0.54	Clock	Lxrα	0.50			

许多研究表明，生物钟核心基因参与调控脂肪代谢，其昼夜节律发生改变或者紊乱时，将引发肥胖、代谢综合征甚至糖尿病等多种疾病。随着对生物钟系统的深入研究，食物信号特别是高脂日粮对生物钟系统以及脂肪代谢功能的调控机理研究已引起科研工作者的极大兴趣。目前这类研究主要集中在哺乳类动物，而在水产动物方面的研究较少。本论文正是基于这点考虑，来研究高脂日粮对中华鳖肝脏中生物钟核心基因及脂肪代谢相关基因表达的影响，以揭示食物信号对外周生物钟的调控机理及生物钟系统与脂肪代谢之间的关联性。

本研究对中华鳖肝脏中 17 个生物钟核心基因（Clock、Bmal1/2、NPAS2、Tim、Cry1/2、Per1/2、DBP、NFIL3、BHLHE40、NR1D1/2 和 RORA/B/C）的节律性表达进行研究后发现，除了 NPAS2、Cry1、Per1、BHLHE40、DBP和 RORA 6 个基因外，其余 11 个基因（包括 Clock、Bmal1/2、Tim、Cry2、Per2、NFIL3、NR1D1/2 和 RORB/C）均具有良好的节律性。然而，饲喂高脂日粮后，肝脏中这些生物钟核心基因的表达模式发生了很大的变化，即 Clock、Cry2、Per2、NFIL3、NR1D1/2 和 RORB/C 这 8 个生物钟核心基因的昼夜节律性表达消失，Bmal1、Bmal2 和 Tim 3 个基因的相位峰值发生了改变，而 Cry1、Per1、DBP 和 RORA 4 个基因的表达在对照组中无昼夜节律性，但在高脂日粮组中出现了昼夜节律性特征。同时，高脂日粮不但改变了中华鳖肝脏中生物钟核心基因的节律表达模式，而且影响了这些基因的振幅和 mRNA 水平。以上实验结果说明，高脂日粮可以改变生物钟核心基因的节律表达模式及 mRNA 水平，这与其他相关研究结果相一致（Kohsaka et al.，2007）。但也有研究人员发现高脂日粮对雌性 C57BL/6 鼠的昼夜节律基因表达影响较小，然而，Kohsaka 和他的同事却发现，高脂日粮饲喂雄性 C57BL/6 鼠 6 周后，其生物钟核心基因的表达发生了显著变化。而 Hsieh 等（2015）在引用这两篇文献时发现 C57BL/6 鼠中这些生物钟核心基因受高脂日粮影响的差异性在于其性别不同。他认为雌性老鼠饲喂高脂日粮变胖的时间比雄性老鼠要长一些。Hsieh 等（2015）的实验结果还表明，饲喂高脂日粮的时间长短，以及高脂日粮饲喂不同年龄段的动物也能影响这些生物钟核心基因在肝脏和肾脏中的表达，即具有时间差异性和组织差异性表达特征。高脂日粮改变了小鼠 Clock、Bmal1、Per2 和 Cry2 基因的节律表达模式，但 Per1 和 Cry1 不论是高脂日粮组还是正常组都表现出很好的节律振荡特征，因而 Per1 和 Cry1 被认为是高脂日粮导致小鼠脂肪肝的重要基因。也有心脏肥大特征的小鼠，并没有完全改变生物钟核心基因的表达特性，一些生物钟核心基因继续保持其节律特征，从而作用于机体补偿性肥大。研究者认为生物钟基因表达的改变与脂肪代谢紊乱密切相关，而且这种改变是双向的，但其具体机制目前还不十分清楚，还需进一步深入研究。因此，肝脏中这些生物钟核心基因的节律性表达对维持机体内正常的生理功能起着关键作用。一旦外界环境（如食物信号）发生改变，机体内这些基因表达也会发生相应变化，并在一定程度内做出相应的生理调整以使自身更快更好地适应新环境，一旦环境变化超出自身的承受范围，则需要更长更慢时间来重新适应环境，而如果生物钟系统完全被破坏，必将引起肥胖、代谢综合征以及其他疾病的发生。

二、肝脏核心生物钟基因与脂肪代谢相关基因之间表达相关性分析

生物钟核心基因对脂肪代谢基因起着重要的调控作用，他们之间存在着正相关或者负相关。研究人员发现，对照组中，生物钟核心基因 Bmal2 与脂肪合成代谢基因 LDLR1、HMGCR 存在着强度或者中度的正相关性，Per2 与 HMGCR、FAS 之间，及 NFIL3 与 DGAT1 之间也均存在着强度的正相关性，而 Cry2 与 FAS 之间为中度正相关性，但与 LPIN1 则为中度负相关。生物钟核心基因 Bmal2 与脂肪分解代谢基因 CPT1A 存在着强正相关性，Bmal2、NFIL3 也与 Sirt1 存在着强正相关性，而 Per2、NR1D1、NFIL3 与 CPT1A 存在着中度正相关性，生物钟核心基因 Bmal2、Cry2 与脂肪分解代谢基因 PPARβ 存在着中度正相关性，Cry2 与 PPARγ 基因之间、NR1D2、Clock 与 Lxrα 基因之间为中度正相关性。Bmal1 与 PPARα 为中度正相关性。生物钟核心基因与脂肪转运基因和转录因子之间，只有 Bmal2 与 ACSL1 之间存在着强度的正相关性，其余均为中度正相关性。这些基因对为：Clock、Per2 与 ACSL1，Bmal2、Cry2、Per2 与 RXRA，Bmal2、NR1D2、Tim 与 INSIG1，Cry2、Tim 与 APOA1，NR1D2 与 PDK4，而 NFIL3 与 Lxrα 为中度负相关。

然而，当投喂了高脂日粮后，这种生物钟核心基因之间，以及生物钟核心基因

与脂肪代谢基因之间的正负相关性发生了一些变化（表 9-5）。首先，高脂日粮对生物钟核心基因之间的相关性产生了较大影响。由于 Clock 基因失去了节律性表达特征，因此，在生物钟系统的反馈环路中，由 Bmal1/2 和 Per1 对其他基因起着调控作用，如 Bmal1 强度正相关于 Cry1 基因和 Per1 基因，而中度正相关于 DBP 基因，Bmal2 强度负相关于 RORA 基因（$R^2 = -0.75$），Per1 强度正相关于 Cry1 基因和 DBP 基因。其次，高脂日粮使得生物钟核心基因与肝脏脂肪合成代谢基因之间的相关性发生了改变。在高脂日粮组中，生物钟核心基因只与 HMGCR、LDLR1 和 DGAT1 三个基因脂肪合成代谢基因存在着强度或中度相关性。特别是脂肪合成代谢基因 DGAT1 受生物钟核心基因 Bmal1、Per1、Cry1 和 DBP 的正向调控作用，HMGCR 则受 Cry1、Bmal2 的正向调控作用，而 LDLR1 虽然受 Bmal2 的调控，却是负向调控作用。再次，高脂日粮对生物钟核心基因与肝脏脂肪分解代谢基因之间的相关性产生了一定的影响。在高脂日粮组中，生物钟核心基因只与 PPARα、PPARβ 和 PPARγ 三个基因脂肪分解代谢基因存在着强度或中度正相关性，如 Per1、DBP 与 PPARα 之间为强正相关，而 Bmal1、Cry1 与 PPARα 之间为中度正相关。而 DBP 与 PPARβ、Per1 与 PPARγ 之间为中度正相关。最后，饲喂高脂日粮后，生物钟核心基因与肝脏脂肪转运基因之间的相关性与对照组出现了差异。主要表现在：在高脂日粮组中，生物钟核心基因只与 Lxrα、INSIG1 和 RXRA 三个基因脂肪转运基因存在着强度或中度正相关性。如 Clock、Bmal1、Per1、Cry1 与 Lxrα 之间存在着强度或者中度正相关，另外，DBP、Per1 与 RXRA 之间为中度正相关性，Per1 与 PPARγ 之间也存在着中度正相关性。然而，Bmal2 与 PPARβ，Bmal2、DBP 与 INSIG1 存在着中度负相关性。

表 9-5　中华鳖生物钟核心基因与肝脏脂肪代谢基因在高脂日粮组中表达的相关性分析

基因	基因	相关系数 R^2	基因	基因	相关系数 R^2	基因	基因	相关系数 R^2
Bmal1	Cry1	0.81	Bmal1	Per1	0.84	Per1	DBP	0.79
Bmal1	DBP	0.58	Per1	Cry1	0.74	Cry1	DGAT1	0.80
Cry1	HMGCR	0.64	Bmal1	DGAT1	0.88	DBP	DGAT1	0.51
Bmal2	HMGCR	0.50	Per1	DGAT1	0.88	Per1	PPARγ	0.50
DBP	PPARα	0.77	Bmal1	PPARα	0.53	DBP	RXRA	0.70
Per1	PPARα	0.73	Cry1	PPARα	0.62	Per1	RXRA	0.50
Cry1	Lxrα	0.72	Bmal1	Lxrα	0.54	Bmal2	PPARβ	−0.52
Per1	Lxrα	0.53	Clock	Lxrα	0.56	Bmal2	LDLR1	−0.56
Bmal2	RORA	−0.75	DBP	INSIG1	−0.51	Bmal2	INSIG1	−0.65

　　研究表明，生物钟系统直接参与脂肪代谢这一生理活动。如 Clock 基因突变鼠容易引起高甘油三酯血症及生物钟 Bmal1 和 Per2 基因的节律紊乱，从而导致肝脏中脂肪合成代谢基因 LDLR 和 HMGCR 的节律性消失。LDLR 是低密度脂蛋白受体家族中的主要成员之一，其主要作用是与含有载脂蛋白 APOB 和 APOE 的低密度脂蛋白（LDL）结合，调节胆固醇的体内平衡。HMGCR 是胆固醇生物合成过程中的限速酶，在肝脏中具有昼夜节律表达特征。Yanagihara 等（2006）研究显示，高脂日粮不但影响生物钟系统的分子机理，而且与之相互作用影响代谢酶基因的节律性表达，他发现 Bmal1 与另一生物钟核心基因 NR1D1 一起在脂肪细胞分化过程中起着重要的调节和促进作用。FAS、DGAT1、SCD1、ACACA、LDLR 和 LIPIN1 也是肝脏中脂肪合成代谢基因中的关键基因，都在脂肪合成过程中发挥着重要作用。例如 FAS 主要在通过催化乙酰辅酶 A 和丙二酸单酰辅酶 A 合成脂肪酸，从而在合成长链脂肪酸中发挥关键作用。DGAT1 是甘油三酯合成最后一步的限速酶，SCD1 催化硬脂酰和软脂酰 CoA 形成油酰和棕榈酰 CoA，ACACA 编码 ACC 蛋白的同工酶 ACCα，从而催化胞质中的丙二酰辅酶 A 合成脂肪酸，进而在细胞内合成甘油三酯，LIPIN1 在脂肪合成代谢过程中具有双重作用，一方面作为磷脂磷酸酶在甘油三酯合成中发挥作用，另一方面作为转录协调刺激因子调控脂肪合成基因的表达而发挥作用。小鼠饲喂高脂日粮后，这些基因的节律表达发生了变化，HMGCR 在两个实验组均表现出节律表达，高脂日粮显著降低了其在 ZT8 小时的表达水平，而 LDLR 节律表达的相位峰值被延后了 6 小时，DGAT 表达节律相位也发生改变，从白天表达颠倒为晚上表达，且与体内甘油三酯的变化相对应，FAS 在高脂日粮中节律表达模式消失，且其 mRNA 水平显著上升，因此我们认为这些基因是高脂日粮诱导下，肝脏甘油三酯积累的潜在基因。免疫共沉淀实验也发现，LIPIN1 和 BMAL1、CLOCK 之间均存在相互作用，LIPIN1 敲除小鼠引起生物钟核心基因表达发生改变。而本实验发现，FAS、SCD 和 LIPIN1 在高脂日粮中的现节律性表达也消失了，但 HMGCR 和 LDLR 两个基因的相位峰值不是被延后而是被提前，这可能是不同物种间节律性表达具有差异性的缘故。本研究还发现，正常组中，FAS 与反馈环的两个负向调节基因 Cry2 和 Per2 具有较强的相关性，而 HMGCR 同时接受反馈环中正向调节因子 Bmal2 和负向调节因子 Per2 的调控作用，与 Turek（2005）的研究结果相一致。然而，高脂日粮组中，脂肪合成代谢基因 HMGCR 和 DGAT1 发挥着重要作用，与生物钟核心基因具有强烈的正相关性，这说明高脂日粮影响了生物钟核心基因及脂肪合成代谢基因的表达，从而影响胆固醇和甘油三酯在中华鳖肝脏中的合成。

　　CPT1A、PPARs 和 Sirt1 是脂肪酸氧化分解代谢的重要基因。CPT1A 的功能是将长链脂肪酸肉碱酯化，从而促进脂肪酸进入线粒体参与 β‐氧化。PPARs 属于核受体超家族，包括 3 个单体：PPARα、PPARβ 和 PPARγ。它对脂类代谢过程中的基因转录具有调控作用，包括甘油三酯的转运、胞内脂肪酸的摄取、过氧化物酶体和线粒体的 β 氧化。其中，PPARα 在调控脂肪酸的转运和 β 氧化过程中起着关键作用，而另外两个的功能则是调控脂肪细胞的分化和成熟。Sirt1 是肝脏代谢的重要调控因子，与腺苷酸活化蛋白激酶（AMPK）下游信号共同作用，从而促进脂酸分解代谢，Sirt1 的敲减能够减少禁食小鼠肝脏中 β‐氧化基因的表达。研究表明，高脂饮食导致肝脏中生物钟核心基因表达的改变，从而引起脂肪代谢相关基因的改变。PPARα 在肝组织中的表达节律具有 Clock/Bmal1 依赖性，一方面，Clock 和 Bmal1 通过结合启动子上的 E‐盒子直接调控 PPARα 的表达，另一方面，PPARα 通过识别 Bmal1 启动子上的顺式反应元件而调控 Bmal1 的表达。据报道，高脂日粮小鼠肝脏中 PPARα 的 mRNA 水平在 ZT12 小时、18 小时和 24 小时显著低于对照组，而 Clock 和 Bmal1 的 mRNA 水平在晚上显著降低，Cry2 的 mRNA 水平则升高，我们的研究结果发现，PPARα 的 mRNA 水平从 ZT12 小时—ZT21 小时，显著降低，Clock 和 Cry2 的 mRNA 水平则都低于对照组，而 Bmal1 则是白天低于对照组晚上高于对照组，这种表达差别可能是由于不同物种之间差异不同造成的。Per2 的表达受到抑制时，PPARγ 被激活，对于 Per2 敲除鼠，其脂肪代谢发生异常，而 PPARγ 缺失时将导致生物钟核心基因 Clock、Bmal1、Per、Cry 节律的丧失。Sirt1 表达受生物钟核心基因 Bmal1、Cry1、RORA 和 Per2 的调控，同时又通过对 Bmal1 和 Per2 等生物钟核心基因的去乙酰化来参与调节昼夜节律。另外，Sirt1 过表达还能诱导脂肪代谢基因 PPARα 的表达，而肝脏特异性 Sirt1 敲除的小鼠，会引起机体的 PPARα 信号受损，从而导致脂肪酸 β‐氧化减弱。本研究也发现，中华鳖饲喂高脂日粮后，由于生物钟核心基因表达发生了很大的变化（前文已进行阐述），导致 CPT1A 和 Sirt1 的节律消失，而 PPARs 家族成员的节律仍然保持但相位峰值发生了改变。同时，这些基因受生物钟核心基因调控的影响也发生了变化：正常组中，CPT1A 与 Bmal2、Stirt 与 Bmal2 之间为强正相关关系，PPARβ 与 Bmal2、PPARγ 与 Cry2、PPARα 与 Bmal1 均为正相关关系，而高脂日粮组中，PPARα 与 Bmal1、Per1 和 Cry1 存在正相关关系，PPARγ 不是与 Cry2 而是与 Per1 存在正相关关系。这些结果均说明，高脂饮食导致肝脏中生物钟核心基因表达的改变，从而引起脂肪代谢相关基因表达的改变。

　　脂肪合成代谢和分解代谢之间的平衡状态反映了体内脂肪的沉积数量，而这一过程中，脂肪的转运基因及其转录因子也起着非常重要的调控作用。肝脏合成的甘油三酯、胆固醇等均以脂蛋白的形式通过血液从肝脏转运到外周组织，同时还需要相关酶的参与。长链酰基辅酶 A 合成酶（ACSL1）的主要作用是调节脂肪酸的运输，将脂肪酸运送至特定的代谢途径——磷脂合成途径中，从而参与甘油三酯的合成，如患有脂肪肝的小鼠，其肝脏中这一基因的 mRNA 水平显著增加。载脂蛋白家族分为 AopA、AopB、AopC、AopD 和 AopE 五个类型，在动物体内脂肪酸和胆固醇的运输过程中也具有非常重要的作用。曹华斌等（2011）研究发现，高能低蛋白日粮能导致蛋鸡肝脏 ApoB 的 mRNA 水平下降，而在高能低蛋白日粮中添加甜菜碱，则能使肝脏中 ApoAl 和 ApoBl00mRNA 的表达增加，从而增强肝脏中脂类物质的转运。研究人员从细胞水平研究小鼠脂肪代谢时发现，ApoA1、ApoB、FAS 和 SCD1 等基因具有节律性表达，且白天表达低而晚上表达高，而 Clock 在此过程中扮演着重要的角色。同时，肝脏中 PPARα 的 mRNA 表达量与 ApoA1 基因、ApoB、PDK4 的 mRNA 表达量具有显著正相关关系。Lxrα、固醇调节元件结合蛋白‐1c（SREBP‐1c）和碳水化合物反应元件结合蛋白（ChREBP）等这些转录因子能调控许多基因的表达，其结合位点与 FAS 和 SCD1 的启动子进行结合，使这两个基因的转录活性被激活，从而上调其表达，是调节甘油三酯合成的关键因子。研究还发现，Lxrα 在大西洋鳜鱼肝脏中具有显著的节律性表达，且其在表达高峰出现在黄昏时期（Betancor et al.，2014）。机体内的生理功能不是某个基因的调控结果，而是多基因、多途径共同调控的复杂结果。例如 PPARα 和 RXRA 先发生二聚化，然后共同相互作用于 Clock 蛋白配体，并通过 E‐盒子元件来抑制 Clock/Bmal1 蛋白活性。本研究结果表明，对照组中都有节律性表达的 APOA1、APOB、PDK4、ACSL1、Lxrα、RXRA 和 INSIG1 等 7 个基因，在高脂日粮组的表达中发生改变，其中，APOA1、APOB、PDK4 和 ACSL1 的节律消失，而 INSIG1、Lxrα 和 RXRA 三个基因的节律相位发生了偏移，其 mRNA 水平也发生了相应变化。同时，高脂日粮还改变了生物钟核心基因与脂肪转运基因及其他核受体基因之间的相关关系，如对照组中，Per2、Clock、Bmal1、NR1D1 与 Lxrα 具有强度或中度相关性，而高脂日粮组中是 Cry1、Bmal1 与 Lxrα 具有强度或中度相关性。总之，高脂日粮使得中华鳖肝脏中生物钟核心基因的表达发生改变，从而引起脂肪转运基因及转录基因表达的改变。

本研究结果表明，生物钟核心基因在肝脏中脂肪代谢的维持活动中和脂肪代谢相关基因的表达方面起着非常重要的调控作用。高脂日粮使得中华鳖肝脏中生物钟核心基因的表达发生改变，引起脂肪代谢相关基因的表达也产生相应变化，从而引起机体相应生理活动发生变化。因此，"生物钟"机制揭示了中华鳖生命活动的本质规律，其对脂肪代谢过程及相关信号具有重要的调控作用。在这一过程中，这些信号也可以反作用于生物钟系统的生理功能，这一理论为农牧业生产实践提供新的理论依据。

第十章　高脂对 microRNA 及其相关生物钟基因、脂肪代谢基因表达的影响

microRNA 是一类由 18～26 个核苷酸组成的非编码小分子 RNA，其在细胞分化、细胞凋亡、脂肪代谢等生理活动中发挥着重要作用。特别是在生物钟系统与脂质代谢过程中，miRNA 通过调控其靶基因的表达水平，而发挥重要的调控功能。本研究以第八章实验材料为研究对象，进行肝脏组织中 microRNA‐1a、microRNA‐21 和 microRNA‐34a 的节律性表达特征及 mRNA 水平检测，来研究高脂日粮对中华鳖肝脏中 microRNA、相关生物钟核心基因及脂肪代谢基因的节律性表达的影响，初步阐明 MicroRNA 对生物钟核心基因及脂质代谢基因表达调控机理，从而为 microRNA 参与中华鳖肝脏中脂肪代谢的节律表达调控功能提供了新视角。

第一节　高脂对 miR‐1a、Clock 和 Lxrα 节律表达的影响

高脂日粮除了影响生物钟基因及重要功能基因的表达外，还影响肝脏中 miR‐1a 的表达。本研究中，对照组中，miR‐1a 具有昼夜表达模式，且相位峰值出现在昼夜交替（ZT12.76 小时）时。然而，饲喂高脂日粮后，miR‐1a 虽然仍出现节律性表达，但相位峰值前移至白天（ZT8.71 小时）（表 10‐1）。同时，高脂日粮组除 ZT18 小时的表达水平低于对照组外，其余时间均高于对照组（图 10‐1）。研究表明，microRNAs 具有调节许多生物钟核心基因和脂肪代谢基因的功能。因此，本研究将 miR‐1a 与生物钟基因及脂肪代谢基因进行比较和分析，发现其与 Clock、Lxrα 两个基因具有较强的相关关系。对照组中，miR‐1a 与 Clock 基因为正相关关系（$R^2 = 0.57$），miR‐1a 与 Lxrα 为强负相关关系（$R^2 = -0.72$），而 Clock 与 Lxrα 为正相关关系（$R^2 = 0.50$）。且 miR‐1a 的表达模式与 Clock 和 Lxrα 两个基因相类似，均出现了节律性表达特征且相位峰值都在昼夜交替期（第九章已述），并且其表达高峰都出现在昼夜交替时期 ZT12.76 小时、ZT11.75 小时和 ZT0.74 小时。然而，饲喂高脂日粮后，miR‐1a 与 Clock 变为正相关关系（$R^2 = 0.31$），miR‐1a 与 Lxrα 为中度负相关关系（$R^2 = -0.51$）。同时我们还发现，高脂日粮组中的 miR‐1a 的表达水平出现了

上升的现象，而 Clock 和 Lxrα 基因的 mRNA 表达则相反，呈现了下降的现象（$p>0.05$）。因此，我们推测 miR-1a 参与 Clock 和 Lxrα 的节律性表达调控。

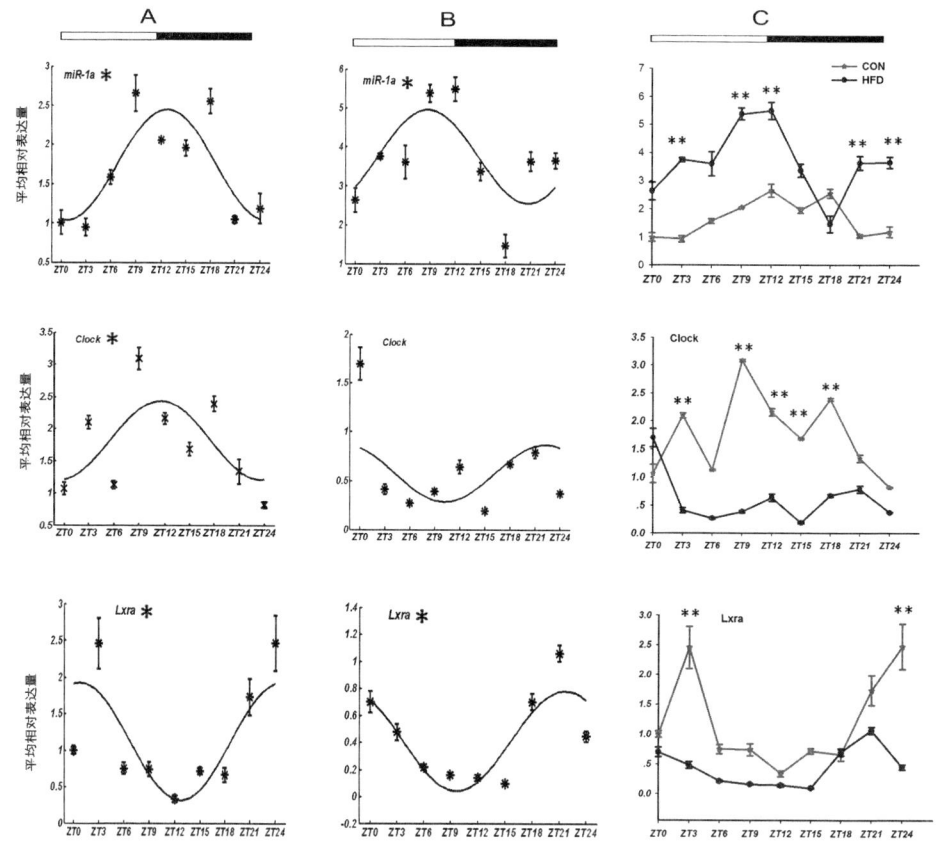

图 10-1　高脂对中华鳖肝脏中 MiRNA-1a、Clock 和 Lxrα 基因表达的影响

　　注：A 和 B 分表代表正常组和高脂日粮组中 miRNA-1a、Clock 和 Lxrα 基因的昼夜节律表达模式；C 代表两个实验组中各时间点表达量比较图。

表 10-1　　　　　中华鳖肝脏中 miR-1a、Clock 和 Lxrα 的节律表达参数

基因名称	中值		振幅		Acro（P）		峰值/ZT（h）		ANOVA（p）	
	CON	HFD	CON	HFD	CON	HFD	CON	HFD	CON	HFD
miR-1a	1.71	3.75	0.51	1.20	**0.21**	**0.05**	15.14	8.71	<0.05	<0.05
Clock	1.82	0.57	0.61	0.29	**0.12**	0.34	11.57	22.20	<0.05	<0.05
Lxrα	1.12	0.41	0.80	0.37	**0.02**	**0.01**	0.74	21.66	<0.05	<0.05

　　随着生物信息学的发展以及分子研究技术的进步和人类基因组计划的完成，小分子 RNA（microRNA，miRNA）在调节机体生理活动中所起的作用得到越来越多的关注。miRNA 是一些高度保守的内源性非编码小分子 RNA，具有与靶

基因的 mRNA3′-UTR 结构域结合，从而抑制靶基因的转录与翻译过程。随着研究的深入，科学家发现，miRNA 在机体内发挥着重要的调节作用，大约30％的基因受其影响。miRNA 作为调节分子参与到了生物的各种生理和病理过程，成千上万的基因经预测发现都可能是 miRNA 的靶基因，但是 miRNA 在翻译和翻译后调控中的作用是协调和补充信号环路中的调控功能。一个 miRNA 可以调控多个靶基因，反过来，一个靶基因同时可以受多个 miRNA 的调控，而且，miRNA 对靶基因的调控是双向的，既可以上调靶基因的表达发挥作用，也可以抑制靶基因的表达而产生影响（Guillou et al.，2008）。研究发现，miRNA 在脂肪代谢中发挥着重要作用，如 miRNA-17、miRNA-21、miRNA-103、miRNA-143、miRNA-371 和 miRNA-378 等通过上调成脂靶基因的表达水平而促进脂肪细胞的分化和合成作用，而 miRNA-27、miRNA-130、miRNA-138、miRNA-369-5p 和 miRNA-448 等通过抑制靶基因的表达，从而降低甘油三酯的合成。据报道，microRNAs 也具有调节许多生物钟核心基因的功能，同时，生物钟核心基因反过来可以调控 miRNAs 的表达。Cheng 等（2007）研究发现 miR-219 可以调控分子钟的进程，而 miR-219 又是通过 E-box 元件被 Clock/Bmal1 激活转录。因此，miRNA 作为一个主要参与者参与生物钟的调节过程，从而调节机体发育、疾病和生理代谢等功能。

本研究发现，miRNA-1a 通过调控生物钟核心基因的节律性表达，从而调控脂肪代谢基因的节律性表达，同时，高脂日粮对这种调控功能产生了较大影响。本研究中，高脂日粮使得 miRNA-1a 的表达水平上调，从而引起 Clock 和 Lxrα 表达水平基因的下调。研究发现，饲喂高脂日粮 4～12 周后，小鼠肌肉中 miR-1a 的表达水平高于对照组，Chartoumpekis 和他的同事（2011）却发现，饲喂高脂日粮 5 个月后的肥胖鼠，肝脏中 miR-1a 的表达水平则显著下降，说明 miR-1a 在脂肪代谢中起着很重要的调节作用，但在不同组织中表达有差异。研究证实，miR-1 和 miR-206 可以通过直接结合在靶基因 Lxrα 的 3′-UTR 的靶位点上而抑制其表达，从而使得 Lxrα 的表达水平下调，影响脂质的生成功能。近年来，已有很多关于 miRNA 对脂肪代谢基因和生物钟核心基因的调控报道，如 miR-371 促进脂联素和脂肪酸结合蛋白 4（FABP4）的表达，而 miR-369-5p 则通过降低脂联素和 FABP4 的表达，从而影响脂肪细胞的分化作用，下调 miR-143 的表达可抑制 PPARγ 的表达，从而使甘油三酯聚集减少从而调控脂肪代谢。通过检测小鼠血清中的 miRNA 实验发现，Bmal1 为 miR-494、miR-152 和 miR-142-3p 的靶基因，且非节律性表达的 miR-142-3p 对 Bmal1 具有明显的抑制作用，而 miR-192/194 基因簇可以抑制 Per1，Per2 和

Per3 的表达，因为这三个基因的 3′UTR 有 miR - 192/194 基因簇的靶位点而起到抑制作用的。综上所述，miRNA 与脂肪代谢基因和生物钟核心基因之间有着紧密的联系，miRNA 通过与这些靶基因的靶位点相结合而发挥重要作用，然而，高脂日粮等营养因子对其调控作用产生较大影响。

第二节　高脂对 miR - 21、Bmal1 和 PPARα 节律表达的影响

　　表 10 - 2 和图 10 - 2 表明，对照组中，miR - 21 具有昼夜节律表达模式，且表达高峰出现在白天（ZT6.39 小时），高脂日粮组中 miR - 21 也具有昼夜节律表达模式，且表达高峰出现在白天（ZT10.30 小时），但相位峰值延后了 3.91 小时。同时，高脂日粮使得 miR - 21 的表达水平上升，特别在 ZT9 小时和 ZT12 小时，其表达水平差异显著（$p < 0.05$）。本研究也发现，miR - 21 可能参与调控Bmal1 和 PPARα 的节律表达。这是因为对照组中的 miR - 21 与 Bmal1、PPARα

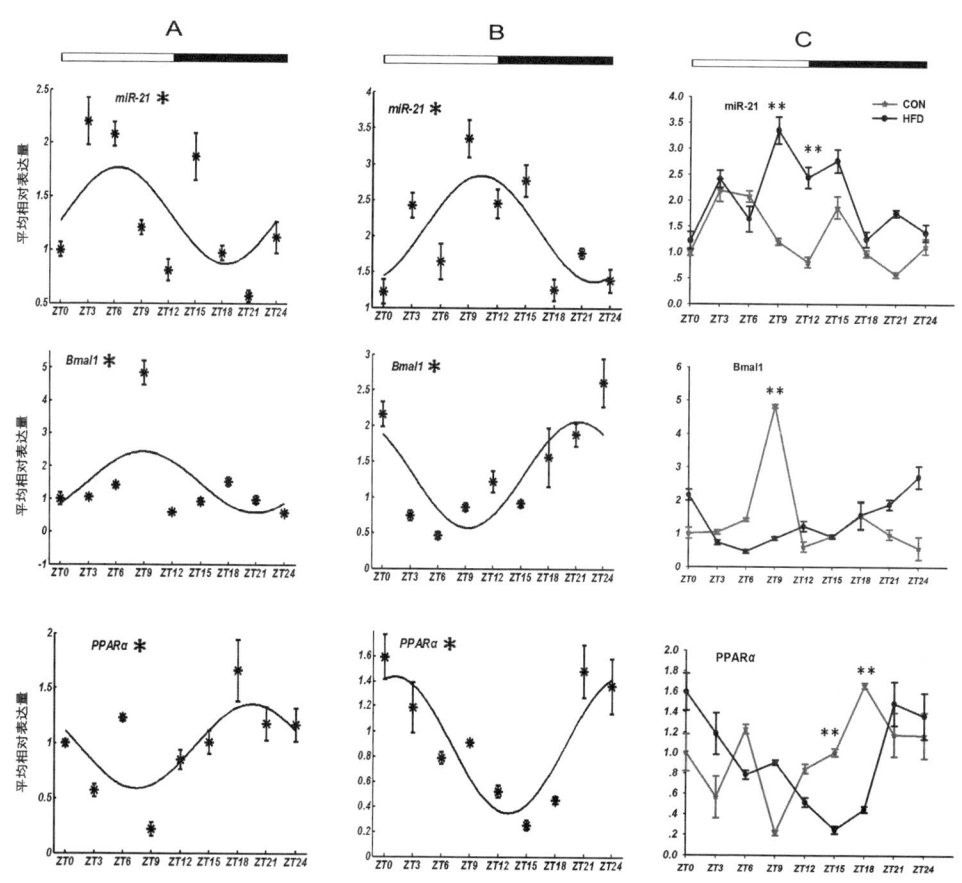

图 10 - 2　高脂对中华鳖肝脏中 MiRNA - 21、Bmal1 和 PPARα 基因表达的影响

之间具有较强的相关性。其中，miR-21 与 Bmal1、PPARα 具有强度负相关关系（$R^2 = -0.60$，-0.76）。然而，饲喂高脂日粮后，这种调控关系受到了一定的影响。首先，高脂日粮改变了他们之间的相关性关系：高脂日粮组中，miR-21 与 Bmal1、miR-21 与 PPARα 之间均为弱负相关关系（$R^2 = -0.10$，-0.20）；其次，高脂日粮除影响 miR-21 节律性表达特征外，也影响 Bmal1 和 PPARα 两个基因的节律表达模式和 mRNA 水平。

表 10-2　　　　中华鳖肝脏中 miR-21、Bmal1 和 PPARα 的节律表达参数

基因名称	中值		振幅		Acro（P）		峰值/ZT（h）		ANOVA（p）	
	CON	HFD	CON	HFD	CON	HFD	CON	HFD	CON	HFD
miR-21	1.32	2.10	0.45	0.73	**0.24**	**0.04**	6.39	10.30	<0.05	<0.05
Bmal1	1.51	1.31	0.93	0.75	**0.28**	**0.03**	8.89	21.30	<0.05	<0.05
PPARα	0.97	0.89	0.38	0.54	**0.10**	**0.02**	19.47	1.07	<0.05	<0.05

研究表明，miR-21 在细胞中有多个靶基因，在细胞增殖、分化、凋亡和脂肪代谢中都发挥着重要的作用。目前已鉴定 PPARα 基因是 miR-21 的靶基因之一，并且发现高脂日粮可以诱导鼠肝脏中 miR-21 的表达上调，引起 PPARα 基因的表达水平下降，从而导致其下游基因 CPT1A 基因表达水平的下调。相关研究证实 miR-21 敲除鼠可以引起多数脂肪代谢相关基因表达的变化，而肥胖病人血液中 miR-21 的表达水平显著下降。本研究中 miR-21 与 Bmal1 呈正相关性，与 PPARα 呈显著的负相关性，而 Bmal1 与 PPARα 为中度负相关性，说明 miR-21 是通过抑制 PPARα 而影响 Bmal1 的表达。当然，这一结果的确定还需进一步的实验证实。

第三节　高脂对 miR-34a、Bmal2 和 Sirt1 节律表达的影响

从表 10-3 和图 10-3 可以看出，对照组和高脂日粮中，miR-34a 均具有昼夜节律表达模式，其表达高峰期均出现在凌晨，且高脂日粮使得其表达水平总体上具有表达上升的趋势。同时，本研究将 miR-34a 与第八章中的生物钟基因及脂肪代谢基因进行比较和分析，发现其与 Bmal2、Sirt1 两个基因具有较强的相关关系。其中，miR-34a 与 Bmal2、Sirt1 均为中度负相关关系（$R^2 = -0.51$，-0.50）。然而，高脂日粮影响了他们之间的相关性关系：高脂日粮组中，miR-34a 与 Bmal2 之间由中度负相关变成了正的相关性关系（$R^2 = 0.53$），而与 Sirt1 相关关系减弱（$R^2 = -0.05$）。同时，高脂日粮组中 miR-34a 和 Bmal2 的表达水平几乎均高于对照组（$p < 0.05$），而 Sirt1 的 mRNA 表达出现了下降的现象（$p < 0.05$）。

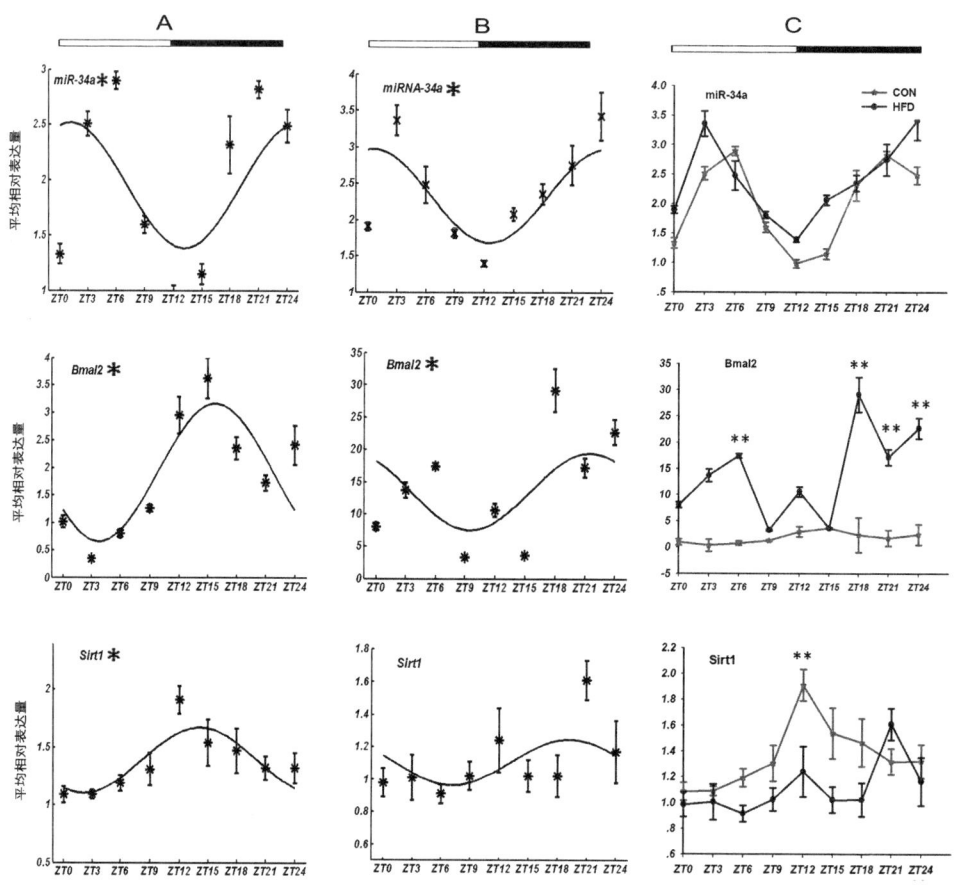

图 10-3　高脂对中华鳖肝脏中 MiRNA-34a、BMAL2 和 Sirt1 基因表达的影响

表 10-3　　中华鳖肝脏中 miR-34a、BMAL2 和 Sirt1 的节律表达参数

基因名称	中值		振幅		Acro（P）		峰值/ZT（h）		ANOVA（p）	
	CON	HFD	CON	HFD	CON	HFD	CON	HFD	CON	HFD
miR-34a	1.95	2.32	0.57	0.64	**0.18**	**0.05**	1.16	0.56	<0.05	<0.05
Bmal2	1.91	13.43	1.25	5.95	**0.01**	**0.28**	15.80	21.53	<0.05	<0.05
Sirt1	1.39	1.10	0.28	0.14	**0.01**	0.37	14.15	19.20	<0.05	n. s.

据报道，miR-34a 是脂肪代谢过程中的关键因子，而 Sirt1 基因是 miR-34a 的靶基因之一。Kurylowicz 等（2016）研究发现，肥胖病人脂肪组织中 Sirt1 的表达水平显著低于健康人，而与 miR-34a-5p 的表达水平呈显著负相关关系，说明 miRNA-34 具有抑制 Sirt1 基因表达的作用。与正常 C57BL/6 鼠相比，ob/ob 肥胖鼠的肝脏中 miR-34a 的表达水平也显著上调，而且高脂日粮诱导的肥胖鼠中，其肝脏中 miR-34a 的表达水平增加了 13 倍。本研究结果表明，高脂日粮

组中 miR - 34a 的表达水平高于对照组，而高水平的 miR - 34a 抑制了其靶基因 Sirt1 的表达，Sirt1 通过对 Bmal2 和 Per2 的去乙酰化来参与调控调节昼夜节律，而高脂饮食抑制了 Sirt1 的表达以及节律的改变，可能干扰了生物钟核心基因调控中乙酰化与去乙酰之间的平衡，从而减弱了对 Clock/Bmal1 负反馈的抑制作用，使得 Bmal2 基因表达增加，其具体的机制还有待进一步通过双荧光素酶等多个实验来验证。

参考文献

［1］ 朱志伟，李汴生，阮征，等. 脆肉鲩鱼肉与普通鲩鱼鱼肉理化特性比较研究［J］. 现代食品科技，2007，24（2）：109 - 112.

［2］ PERIAGO M J，AYALA M D，LÓPEZ-ALBORS O，et al. Muscle cellularity and flesh quality of wild and farmed sea bass, Dicentrarchus labrax L［J］. Aquaculture，2005，249（1 - 4）：175 - 188.

［3］ 顾若波，徐钢春，华丹，等. 似刺鳊鮈肌肉营养成分与品质的评价［J］. 中国海洋大学学报（自然科学版），2008，38（2）：263 - 268.

［4］ 胡先勤，侯永清. 中草药提取物对鲫鱼生长及体成分的影响［J］. 粮食与饲料工业，2005（5）：40 - 41.

［5］ 尹洪滨，马波. 黑龙江野鲤肌肉营养成分分析［J］. 水产学杂志，1999，12（2）：65 - 68.

［6］ 段青源，钟惠英，斯列钢，等. 网箱养殖大黄鱼与天然大黄鱼营养成分的比较分析［J］. 浙江海洋学院学报（自然科学版），2000，19（2）：125 - 128.

［7］ JOHNSTON I A，ALDERSON R，SANDHAM C，et al. Patterns of muscle Growth in early and late maturing populations of Atlantic salmon（Salmo salar L.）［J］. Aquaculture，2000，189（3 - 4）：307 - 333.

［8］ REGOST C，ARZEL J，CARDINAL M，et al. Dietary lipid level，hepatic lipogenesis and flesh quality in turbot（Psetta maxima）［J］. Aquaculture，2001，193（3）：291 - 309.

［9］ WANG J T，LIU Y J，TIAN L X，et al. Effect of dietary lipid level on Growth performance，lipid deposition，hepatic lipogenesis in juvenile cobia（Rachycentron canadum）［J］. Aquaculture，2005，249（1 - 4）：439 - 447.

［10］ MEDINA S，CERVERA M A R，MARTÍNEZ E A，et al. Influence of starvation on flesh quality of farmed dentex，Dentex dentex［J］. Journal of the World Aquaculture Society，2010，41（4）：490 - 505.

［11］ 贺诗水，王洪凯，蒋万祥，等. 上市前短期饥饿对鲫鱼肌肉品质的影响［J］. 食品工业科技，2016，37（1）：334 - 337.

［12］ 柳敏海，罗海忠，傅荣兵，等. 短期饥饿胁迫对（鮸）鱼生化组成、脂肪酸和氨基酸组成的影响［J］. 水生生物学报，2009，33（2）：230 - 235.

［13］ MOI P，CHAN K，ASUNIS I，et al. Isolation of NF-E2 - related factor 2（Nrf2），a NF-E2 - like basic leucine zipper transcriptional activator that binds to the tandem NF-E2/AP1 repeat of the beta-globin locus control region［J］. Proceedings of the National Academy of

Sciences of the United States of America, 1994, 91 (21): 9926 - 9930.

［14］ HE X, KAN H, CAI L, et al. Nrf2 is critical in defense against high glucose-induced oxidative damage in cardiomyocytes ［J］. Journal of Molecular and Cellular Cardiology, 2009, 46 (1): 47 - 58.

［15］ STROBEL N A, PEAKE J M, MATSUMOTO A, et al. Antioxidant supplementation reduces skeletal muscle mitochondrial biogenesis ［J］. Medicine and Science in Sports and Exercise, 2011, 43 (6): 1017 - 1024.

［16］ CHO D K, CHOI D H, CHO J Y. Effect of treadmill exercise on skeletal muscle autophagy in rats with obesity induced by a high-fat diet ［J］. Journal of Exercise Nutrition and Biochemistry, 2017, 21 (3): 26 - 34.

［17］ GRAY S, WANG B, ORIHUELA Y, et al. regulation of gluconeogenesis by Krüppel-like factor 15 ［J］. Cell Metabolism, 2007, 5 (4): 305 - 312.

［18］ SHIMIZU N, YOSHIKAWA N, ITO N, et al. Crosstalk between glucocorticoid receptor and nutritional sensor mTOR in skeletal muscle ［J］. Cell Metabolism, 2011, 13 (2): 170 - 182.

［19］ JEYARAJ D, SCHEER F A, RIPPERGER J A, et al. Klf15 orchestrates circadian nitrogen homeostasis ［J］. Cell Metabolism, 2012, 15 (3): 311 - 323.

［20］ DENG Y P, JIANG W D, LIU Y, et al. Dietary leucine improves flesh quality and alters mRNA expressions of Nrf2 - mediated antioxidant enzymes in the muscle of Grass carp (Ctenopharyngodon idella) ［J］. Aquaculture, 2016: 452, 380 - 387.

［21］ 李海燕, 朱晓鸣, 韩冬, 等. 上市前限喂对池塘养殖异育银鲫生长及品质的影响 ［J］. 水生生物学报, 2014, 38 (3): 525 - 532.

［22］ 马玲巧, 亓成龙, 曹静静, 等. 水库网箱和池塘养殖斑点叉尾鮰肌肉营养成分和品质的比较分析 ［J］. 水产学报, 2014, 38 (4): 532 - 537.

［23］ YOSHIKAWA N, NAGASAKI M, Sano M, et al. Ligand-based gene expression profiling reveals novel roles of glucocorticoid receptor in cardiac metabolism ［J］. American Journal of Physiology-Endocrinology and Metabolism, 2009, 296 (6): 1363 - 1373.

［24］ TESHIGAWARA K, OGAWA W, Mori T, et al. Role of Krüppel-like factor 15 in PEPCK gene expression in the liver ［J］. Biochemical and Biophysical Research Communications, 2005, 327 (3): 920 - 926.

［25］ TAKEUCHI Y, YAHAGI N, AITA Y, et al. KLF15 enables rapid switching between lipogenesis and gluconeogenesis during fasting ［J］. Cell Reports, 2016, 16 (9): 2373 - 2386.

［26］ 陈云飞. 饲料脂肪源和脂肪水平对草鱼幼鱼生长及脂肪代谢的影响 ［D］. 湖南农业大学, 2017.

［27］ SZKLARZ G. Role of Nrf2 in oxidative stress and toxicity ［J］. Annu Rev Pharmacol Toxicol, 2013, 53 (1): 401 - 426.

［28］ VELARDE E，HAQUE R，IUVONE P M，et al. Circadian clock genes of goldfish，Carassius auratus：cDNA cloning and rhythmic expression of period and cryptochrome transcripts in retina，liver，and Gut ［J］. Journal of biological rhythms，2009，24 （2）：104 - 113.

［29］ GUILLAUMOND F，DARDENTE H，GIGUÈRE V，et al. Differential control of Bmal1 circadian transcription by REV-ERB and ROR nuclear receptors ［J］. Journal of biological rhythms，2005，20 （5）：391 - 403.

［30］ MOORE A F，MENAKER M. Photic resetting of the circadian clock is correlated with photic habitat in Anolis lizards ［J］. Journal of Comparative Physiology A，2012，198 （5）：375 - 387.

［31］ MAHAPATRA M S，MAHATA S K，MAITI B R. Circadian rhythms in serotonin，norepinephrine，and epinephrine contents of the pineal-paraphyseal complex of the soft-shelled turtle （Lissemys punctata punctata） ［J］. General and comparative endocrinology，1986，64 （2）：246 - 249.

［32］ CHATTERJEE S，NAM D，GUO B，et al. Brain and muscle Arnt-like 1 is a key regulator of myogenesis ［J］. J Cell Sci，2013，126 （10）：2213 - 2224.

［33］ 张崇志，孙海洲，李胜利，等. 生物钟系统在动物营养和代谢中的调控作用 ［J］. 家畜生态学报，2016，37 （3）：1 - 8.

［34］ REDDY A B，KARP N A，MAYWOOD E S，et al. Circadian orchestration of the hepatic proteome ［J］. Current Biology，2006，16 （11）：1107 - 1115.

［35］ YANG X，DOWNES M，RUTH T Y，et al. Nuclear receptor expression links the circadian clock to metabolism ［J］. Cell，2006，126 （4）：801 - 810.

［36］ BARNEA M，MADAR Z，FROY O. High-fat diet delays and fasting advances the circadian expression of adiponectin signaling components in mouse liver ［J］. Endocrinology，2009，150 （1）：161 - 168.

［37］ CHENG H Y M，PAPP J W，VARLAMOVA O，et al. microRNA modulation of circadian-clock period and entrainment ［J］. Neuron，2007，54 （5）：813 - 829.

［38］ NAKAHATA Y，GRIMALDI B，SAHAR S，et al. Signaling to the circadian clock：plasticity by chromatin remodeling ［J］. Current Opinion in Cell Biology，2007，19 （2）：230 - 237.

［39］ 鲍相渤，刘卫东，姜冰，等. 内参基因在虾夷扇贝定量 PCR 中表达稳定性的比较 ［J］. 水产科学，2011，30 （10）：603 - 608.

［40］ 马飞. 节旋藻实时荧光定量 PCR 内参基因的选择 ［J］. 科技资讯，2012 （18）：102 - 102.

［41］ MILLER B H，MCDEARMON E L，PANDA S，et al. Circadian and CLOCK-controlled regulation of the mouse transcriptome and cell proliferation ［J］. Proceedings of the National Academy of Sciences，2007，104 （9）：3342 - 3347.

［42］ KOHSAKA A，LAPOSKY A D，RAMSEY K M，et al. High-fat diet disrupts behavioral and molecular circadian rhythms in mice ［J］. Cell metabolism，2007，6 （5）：414 - 421.

［43］ HARFMANN BD, SCHRODER EA, ESSER KA. Circadian rhythms, the molecular clock, and skeletal muscle［J］. J Biol Rhythms, 2015, 30 (2): 84 - 94.

［44］ MCCARTHY J J, ANDREWS J L, MCDEARMON E L, et al. Identification of the circadian transcriptome in adult mouse skeletal muscle［J］. Physiological genomics, 2007, 31 (1): 86 - 95.

［45］ AMARAL I P G, JOHNSTON I A. Circadian expression of clock and putative clock-controlled genes in skeletal muscle of the zebrafish［J］. American Journal of Physiology-regulatory, Integrative and Comparative Physiology, 2011, 302 (1): R193 - 206.

［46］ YANAGIHARA H, ANDO H, HAYASHI Y, et al. High-fat feeding exerts minimal effects on rhythmic mRNA expression of clock genes in mouse peripheral tissues［J］. Chronobiology international, 2006, 23 (5): 905 - 914.

［47］ HSIEH C H, RAU C S, WU S C, et al. Weight-reduction through a low-fat diet causes differential expression of circulating microRNAs in obese C57BL/6 mice［J］. BMC genomics, 2015, 16 (1): 699.

［48］ TUREK F W, JOSHU C, KOHSAKA A, et al. Obesity and metabolic syndrome in circadian Clock mutant mice［J］. Science, 2005, 308 (5724): 1043 - 1045.

［49］ 曹华斌, 郭小权, 胡国良, 等. 高能低蛋白日粮中添加甜菜碱对蛋鸡肝脏 apo AⅠ 和 apo B100 基因 mRNA 表达的影响［C］. 中国畜牧兽医学会家畜内科学分会第七届代表大会暨学术研讨会论文集 (上册), 2011.

［50］ GUILLOU H, MARTIN P G P, PINEAU T. Transcriptional regulation of hepatic fatty acid metabolism［M］//Lipids in health and disease. Springer Netherlands, 2008: 3 - 47.

［51］ BETANCOR M B, MCSTAY E, MINGHETTI M, et al. Daily rhythms in expression of genes of hepatic lipid metabolism in Atlantic salmon (Salmo salar L.)［J］. PloS one, 2014, 9 (9): e106739.

［52］ CHARTOUMPEKIS D V, ZIROS P G, PSYROGIANNIS A I, et al. Nrf2 represses FgF21 during long-term high-fat diet - induced obesity in mice［J］. Diabetes, 2011, 60 (10): 2465 - 2473.

［53］ KURYLOWICZ A, OWCZARZ M, POLOSAK J, et al. SIRT1 and SIRT7 expression in adipose tissues of obese and normal-weight individuals is regulated by microRNAs but not by methylation status［J］. International Journal of Obesity, 2016, 40 (11): 1635 - 1642.

［54］ AMARAL I P G, JOHNSTON I A. Circadian expression of clock and putative clock-controlled genes in skeletal muscle of the zebrafish［J］. American Journal of Physiology-Regulatory, Integrative and Comparative Physiology, 2011, 302 (1): R193 - 206.